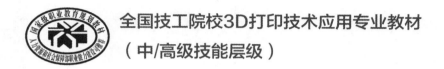

全国技工院校3D打印技术应用专业教材
（中/高级技能层级）

3D打印技术概论

人力资源社会保障部教材办公室　组织编写

U0272760

中国劳动社会保障出版社

简介

本书为全国技工院校3D打印技术应用专业教材（中／高级技能层级），主要内容包括认识3D打印、常见的3D打印技术、3D打印的工作流程、3D打印造物初体验、3D打印的应用及3D打印的未来发展。

图书在版编目（CIP）数据

3D打印技术概论／人力资源社会保障部教材办公室组织编写 . -- 北京：中国劳动社会保障出版社，2019

全国技工院校3D打印技术应用专业教材 . 中／高级技能层级

ISBN 978-7-5167-3829-0

Ⅰ.①3… Ⅱ.①人… Ⅲ.①立体印刷－印刷术－技工学校－教材 Ⅳ.①TS853

中国版本图书馆CIP数据核字（2019）第084765号

中国劳动社会保障出版社出版发行

（北京市惠新东街1号 邮政编码：100029）

*

北京市白帆印务有限公司印刷装订 新华书店经销

787毫米×1092毫米 16开本 12印张 254千字

2019年6月第1版 2023年5月第8次印刷

定价：**36.00元**

营销中心电话：400-606-6496

出版社网址：http://www.class.com.cn

http://jg.class.com.cn

技工院校 3D 打印技术应用专业
教材编审委员会名单

编审委员会

主　　任：刘　春　程　琦

副 主 任：刘海光　杜庚星　曹江涛　吴　静　苏军生

委　　员：胡旭兰　周　军　徐廷国　金君堂　张利军　何建铵

　　　　　庞恩泉　颜芳娟　郭利华　高　杨　张　毅　张　冲

　　　　　郑艳萍　王培荣　苏扬帆　杨振虎　朱凤波　王继武

技术支持：国家增材制造创新中心

本书编审人员

主　　编：王继武

参　　编：田　喆　王耀东　李　雯　陈津红　姜　斌　陈　超

主　　审：张　冲　吴　静

前言
PREFACE

2015 年，国务院印发《中国制造 2025》行动纲领，部署全面推进实施制造强国战略，提出要坚持"创新驱动、质量为先、绿色发展、结构优化、人才为本"的基本方针，解决"核心基础零部件（元器件）、先进基础工艺、关键基础材料和产业技术基础"等问题，以 3D 打印为代表的先进制造技术产业应用和产业化势在必行。

增材制造（Additive Manufacturing）俗称 3D 打印，融合了计算机辅助设计、材料加工与成形技术，以数字模型文件为基础，通过软件与数控系统将专用的金属材料、非金属材料以及医用生物材料，按照挤压、烧结、熔融、光固化、喷射等方式逐层堆积，制造出实体物品的制造技术。当前，3D 打印技术已经从研发转向产业化应用，其与信息网络技术的深度融合，将给传统制造业带来变革性影响，被称为新一轮工业革命的标志性技术之一。

随着产业的迅速发展，3D 打印技术应用人才的需求缺口日益凸显，迫切需要各地技工院校开设相关专业，培养符合市场需求的技能型人才。为了满足全国技工院校 3D 打印技术应用专业的教学要求，人力资源社会保障部教材办公室组织有关学校的骨干教师和行业、企业专家，开发了本套全国技工院校 3D 打印技术应用专业教材。

本次教材开发工作的重点主要体现在以下几个方面：

第一，通过行业、企业调研确定人才培养目标，构建课程体系。

通过行业、企业调研，掌握企业对 3D 打印技术应用专业人才的岗位需求和发展趋势，确定人才培养目标，构建科学合理的课程体系。根据课程的教学目标以及学生的认知规律，构建学生的知识和能力框架，在教材中展现新技术、新设备、新材料、新工艺，体现教材的先进性。

第二，坚持以能力为本位，突出职业教育特色。

教材采用项目—任务的模式编写，突出职业教育特色，项目选取企业的代表性工作任务进行教学转化，有机融入必要的基础知识，知识以够用、实用为原则，以满足社会对技能型人才的需要。同时，在教材中突出对学生创新意识和创新能力的培养。

第三，丰富教材表现形式，提升教学效果。

为了使教材内容更加直观、形象，教材中使用了大量的高质量照片，避免大段文字描述，精心设计栏目，以便学生更直观地理解和掌握所学内容，符合学生的认知规律；部分教材采用四色印刷，图文并茂，增强了教材内容的表现效果。

第四，开发多种教学资源，提供优质教学服务。

在教学服务方面，为方便教师教学和学生学习，配套提供了制作素材、电子课件、教案示例等教学资源，可通过职业教育教学资源和数字学习中心网站（http://zyjy.class.com.cn）下载使用。除此之外，在部分教材中还借助二维码技术，针对教材中的重点、难点内容，开发制作了微视频、动画等，可使用移动设备扫描书中二维码在线观看。

在教材的开发过程中，得到了快速制造国家工程研究中心的大力支持，保证了教材的编写质量和配套资源的顺利开发，在此表示感谢。此外，教材的编写工作还得到了河北、辽宁、江苏、山东、河南、广东、陕西等省人力资源社会保障厅及有关学校的大力支持，在此我们表示诚挚的谢意。

人力资源社会保障部教材办公室

2019 年 6 月

目录
CONTENTS

第一章

认识 3D 打印

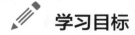

学习目标

1. 掌握 3D 打印的概念、基本原理与分类。
2. 掌握 3D 打印的特点。
3. 了解 3D 打印的发展历程。

§ 1-1　3D 打印的概念、基本原理与分类

一、3D 打印的概念

3D 打印技术源于 19 世纪末的美国，20 世纪 80 年代主要在模具行业得以发展和推广，在国外叫作快速成形（Rapid Prototyping，简称 RP）技术。随着科学技术的不断进步，部分快速成形设备的操作与传统的纸张打印机基本相同。为便于推广，目前的快速成形设备常被通俗地称为"3D 打印机"，快速成形技术被称为"3D 打印技术"。

与传统制造技术相比，3D 打印技术具有革命性变化，企业或研究机构普遍喜欢用增材制造（Additive Manufacturing，简称 AM）来表示 3D 打印技术。2009 年，美国材料与试验协会（American Society for Testing and Materials，简称 ASTM）将 AM 定义为"Process of joining materials to make objects from 3D model data, usually layer upon layer, as opposed to subtractive manufacturing methodologies". 即"与传统的去除材料加工方式完全相反，通过三维模型数据来实现增材成形，通常用逐层添加材料的方式直接制造产品"。

3D 打印技术是增材制造的主要实现形式。增材制造的理念与传统的减材制造不同。传统的减材制造是在原材料的基础上，借助工装模具，使用切削、磨削、腐蚀等方法去除多余的材料得到所需的零件，然后用装配、焊接等方法将零件组装成最终产品。增材制造无须毛坯和工装模具，而是直接根据计算机建模数据对材料进行层层叠加，从而生成任意形状的最

终零件。简单地说，3D 打印技术可以在没有任何刀具、模具及工装夹具的情况下，快速、直接地实现零件的单件生产。

3D 打印技术是机械工程技术、CAD 技术、电子技术、数控技术、激光技术、材料科学技术等相互渗透与交叉的产物，可以快速、准确地将设计思想转变为具有一定功能的原型或零件，主要适用于新产品的开发、单件或小批量产品试制等，被称为 21 世纪制造业最具影响的技术之一。

二、3D 打印的基本原理

3D 打印技术是基于"离散 / 堆积成形"的思想，用层层加工的方法将打印材料"堆积"而形成实体材料，也称为快速成形技术、叠加制造技术或增材制造技术。从原理上来说，3D 打印的过程是通过计算机及相应的切片软件将建成的三维数字模型"切片"成逐层的截面数据，再将这些数据传送到 3D 打印机上，3D 打印机按照这些切片数据逐层将 3D 打印材料堆积起来，直到形成一个实体成形零件的过程。由于制造精度的限制和客户要求的不同，有时还需要对模型进行必要的后处理。3D 打印的基本流程如图 1-1-1 所示。

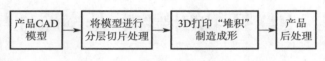

图 1-1-1　3D 打印的基本流程

三、3D 打印技术的分类

3D 打印技术的分类方法有很多种，常见的有按技术原理分类、按原型使用材料的构建技术分类和按打印材料分类等。

1. 按技术原理分类

3D 打印常见的技术原理有高分子聚合反应原理、烧结和熔化原理、熔融黏合原理、层压制造原理、气溶胶打印原理、生物绘图原理，其代表技术、工作原理及应用见表 1-1-1。

▼ 表 1-1-1　3D 打印常见技术原理的代表技术、工作原理及应用

类别	代表技术	工作原理及应用	产品展示
高分子聚合反应原理	立体光固化成形技术、数字化光照加工技术、高分子打印技术、高分子喷射技术、微型立体印刷技术	原材料单体在紫外光或激光等的照射下产生聚合反应，转化成高分子量的聚合物，转化后的聚合物具有低分子量单体所不具备的可塑性、成纤性、成膜性、高弹性等重要性能。这种高分子聚合反应原理在工业生产中被广泛应用	

续表

类别	代表技术	工作原理及应用	产品展示
烧结和熔化原理	选择性激光烧结技术、选择性激光熔融技术、电子束熔化技术	利用高温激光或电子束等将可以烧结的尼龙粉末、金属粉末、陶瓷粉末等熔化后逐渐堆积、烧结成形，广泛应用在电动工具、电气开关、家电产品、风机叶轮、汽车零件、无人机、医疗器械等领域	
熔融黏合原理	熔融沉积成形技术、三维打印成形技术	通过喷头将熔融状态下的丝材堆积成形或通过喷头将黏结剂（如硅胶）等按照零件轮廓喷涂在陶瓷、金属等粉末上，然后再逐层堆积成形。这种成形方式原理简单，广泛用于模型制作等领域	
层压制造原理	层压制造技术又称薄材叠层制造成形技术	将背面涂有热熔胶的纸、金属箔、塑料膜、陶瓷膜等用激光切割出工件的内外轮廓，再将这些薄层逐层黏合，最终成为三维工件。这种方法一般可用于制造模具、模型、结构件或功能件等	
气溶胶打印原理	气溶胶打印技术	通过将气溶胶喷射至基底表面形成分层截面形状的层膜，然后逐渐堆积成形。该项技术能制作精细的功能电路和嵌入式组件，其最小成形尺寸可以达到 $10 \mu m$ 级	
生物绘图原理	生物绘图技术	根据患者的三维 CAD 模型和 CT 扫描数据得到实体的 3D 生物支架模型，再利用生物材料的快速成形打印出具有生物相容性的生物组织	

2. 按原型使用材料的构建技术分类

3D 打印常见的原型使用材料构建技术有液态原材料的构建、粉末粒子原材料的构建和薄层原材料的构建等，如图 1-1-2 所示。

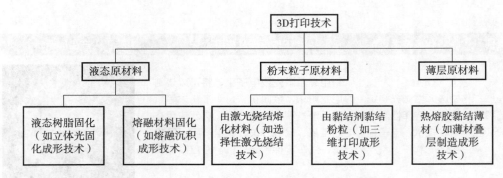

图 1-1-2　按原型使用材料的构建技术分类

3. 按打印材料分类

可以用于 3D 打印的材料比较丰富。按打印材料不同，3D 打印可分为 3D 金属打印、3D 无机非金属打印、3D 有机高分子打印、3D 生物打印等。

 练习题

1. 简述 3D 打印的成形原理。

2. 3D 打印常见的技术原理有＿＿＿＿＿＿＿、＿＿＿＿＿＿＿＿、＿＿＿＿＿＿＿＿、＿＿＿＿＿＿＿＿、＿＿＿＿＿＿＿＿、生物绘图原理等。

3. 按照打印材料不同，3D 打印一般可分为＿＿＿＿＿＿＿＿、＿＿＿＿＿＿＿＿、＿＿＿＿＿＿＿＿、3D 生物打印等。

§1-2　3D 打印技术的特点及其与传统加工的对比

一、3D 打印技术的特点

3D 打印技术与传统制造技术的不同之处在于其不像传统制造那样通过切割和模具来制造物品，而是从物理制造的角度扩展到了数字制造的范畴，特别是在制造形状复杂、中空、互锁等复杂形状上有传统加工方式不可比拟的优势，具体有以下几点：

1. 设计阶段便于交流

3D 打印技术能快速将设计思路转化为立体的、真实存在的实物，免除了人们对复杂图样的阅读和理解过程，有利于设计人员之间、设计人员与客户之间的交流。

2. 应用领域广泛

3D 打印技术是目前非常流行的一种高新技术，除了制造原型外，3D 打印技术也特别适合于新产品开发、单件或小批量零件制造、不规则或复杂形状零件制造、模具设计与制造、产品外观评估与装配检验、快速反求与复制，以及难加工材料的制造等，在工业制造、建筑、科学研究、教育、医疗、航空航天、国防、文物保护、食品等领域都有着非常广泛的应用。

3. 制造过程快速

3D 打印技术从 CAD 模型或实体反求获得的数据到制成实体原型，一般仅需要几小时至十几小时，而通过传统的钢制模具制作产品，至少需要几个月的时间。3D 打印技术的应用大大缩短了产品设计与开发周期，降低了产品的开发成本。

4. 无废弃物，近净成形

3D 打印技术采用的是增料加工方式，制造过程中产生的副产品很少。随着打印材料的进步，这种"近净成形"的制造可能成为更环保的加工方式。例如，同样一个工件，3D 打印技术的用料仅是传统减材制造的 1/3 ~ 1/2，材料利用率几乎是 100%，这就降低了加工材料的成本。

5. 自由成形制造（几何形状无限打印）

自由成形制造也是 3D 打印的另外一个用语。自由成形制造的含义有两个：一是指无须使用工具、模具制作原型或零件；二是指不受形状复杂程度的限制，能够制作出任意形状与结构的原型或零件，如图 1-2-1 所示。

图 1-2-1　3D 打印的复杂零件

6. 制造复杂工件不增加成本

就传统制造而言，产品形状越复杂，制造成本越高。对 3D 打印而言，制造形状复杂的产品并不比打印一个简单的方块消耗更多的时间和成本，并且打印产品造型越复杂，这种优势越明显。

7. 零技能制造

传统加工方式下的工匠至少需要几年才能掌握所需要的技能。3D 打印技术降低了对技能的要求，制造同样复杂的工件，3D 打印机所需要的操作技能比数控加工、普通机床加工等传统加工方法少得多。与传统加工方法相比，3D 打印技术基本属于零技能制造。

8. 无组装，集成制造

3D 打印除了可以打印出外形复杂的零件，还可以打印已经装配好的部件。例如，3D 打印可以直接打印已经装配好的齿轮、轴承、镶嵌体等，打印出的实体还可以进行打磨、钻孔、电镀等进一步加工，如图 1-2-2 所示。

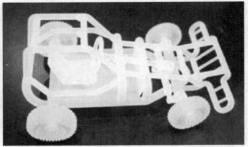

图 1-2-2　3D 打印的装配体

9. 梯度功能材料制造

梯度功能材料（Functionally Gradient Materials，FGM）是两种或多种材料复合且成分和结构呈连续梯度变化的一种新型复合材料。近年来，梯度功能材料在生产、生活中发挥着越来越重要的作用。利用 3D 打印技术逐层制造的优点，探索制造具有功能梯度、综合性能优良、特殊或复杂结构的零件，是 3D 打印技术的一个新的发展方向。目前，3D 打印技术可以制造出具有特定电学和磁学性能（如超导体、磁存储介质）的多种梯度的功能材料。

10. 技术高度集成

3D 打印技术集成了激光技术、机械工程技术、CAD 技术、逆向工程技术、分层制造技术、数控技术、材料科学技术等诸多先进技术，是现代工业发展的主要发展方向之一。

11. 实体精确复制

三维扫描技术和 3D 打印技术实现了实物模型和数字模型之间的转换。利用三维扫描技术可以方便、快捷、准确地获得实物的数字模型，数字模型经过一定的修订和提高，再利用 3D 打印技术可以完美地还原实物模型。这种实体精准复制的能力已经被广泛应用于汽车、考古、模具制作、测量等各个领域。

12. 可缩短产品研发周期，降低成本

传统方法制作模型或样件的周期长、费用高、精度低，且一次很难成功，而采用 3D 打印技术制造出的模型或样件可直接用于新产品的设计验证、功能验证、外观验证、工程分析、市场订货等，从而大大提高了新产品开发的一次成功率，缩短了研发周期，降低了研发

成本。目前，企业在新产品研发过程中采用 3D 打印技术已经成为确保研发周期、提高设计质量的一项重要策略。

13. 可实现小批量产品制造

采用 3D 打印技术，除了可以单件生产外，还可以通过真空注塑、硅胶模具等母模复制技术快速制作母模，从而快速完成小批量产品的制作。目前，3D 打印技术已经成为部分产品小批量生产的重要加工方式。

14. 设计空间突破局限

传统制造技术在制作形状上受限于所使用的工具，如车床一般只能制造圆形零件，铣床一般只能制造箱体类、叉架类零件等。3D 打印技术可以突破这些局限，开辟巨大的设计空间。从理论上讲，只要自然界存在的形状，3D 打印机均能生产。

总之，相对传统制造技术而言，3D 打印技术是一次重大的技术革命，甚至可以用"颠覆"传统制造技术来形容。它能够解决许多传统制造所不能解决的技术难题，能够为传统制造业的创新发展注入动力。

二、3D 打印技术与传统加工的对比

1. 3D 打印技术与传统减材加工的对比

绝大多数的传统生产方式都是从大到小，一个工件从毛坯开始，经过铣、车、磨、刨等多道工序，最终成为所设计工件的过程，就是一个传统的从大到小的减材加工过程。3D 打印技术与传统减材加工的比较见表 1-2-1。

▼ 表 1-2-1　3D 打印技术与传统减材加工的比较

比较项目	3D 打印技术	传统减材加工
生产步骤	直接打印成形	按步骤加工
生产周期	短	长
生产精度	需要控制和检验	高
生产流程	简单	复杂
模具需求	不需要	需要
成本	低	高
复杂的一体化成形零件制造	容易实现	难以实现
个性化制造	可以实现	难以实现
劳动条件	较好	较差

2. 3D 打印技术与传统增材加工的对比

堆焊和铸造是最传统的增材制造技术。堆焊作为材料表面改性的一种经济而快速的工艺

方法，被广泛地应用于各种零件的制造和修复中，如图 1-2-3 所示。堆焊具有费用高、现场处理难度大、零件尺寸精度难以保证、互换性差、堆层厚度有限、焊层间结合强度低和对工人技术要求高等缺点。

 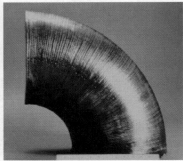

图 1-2-3　堆焊技术

铸造是人类掌握比较早的一种金属热加工工艺，已有约 6 000 年的历史。铸造是指将固态金属熔化为液态倒入特定形状的铸型，然后冷却、凝固并最终成形的一种加工方式，如图 1-2-4 所示。铸造生产工序多，投料多，控制不好时铸件质量不够稳定，废品率也相对较高，劳动条件和作业环境较差。

图 1-2-4　铸造技术

3D 打印技术与传统增材加工的比较见表 1-2-2。

▼ 表 1-2-2　3D 打印技术与传统增材加工的比较

比较项目	3D 打印技术	传统增材加工
生产步骤	直接打印成形	较多
生产周期	较短	堆焊较短、铸造较长

续表

比较项目	3D 打印技术	传统增材加工
生产精度	较高	一般或较差
生产流程	简单	复杂
模具需求	不需要	需要
成本	较高	一般或较低
复杂的一体化成形零件制造	容易实现	难以实现
个性化制造	可以实现	较难实现
劳动条件	较好	差

 练习题

1. 简述 3D 打印技术的特点。

2. 简述 3D 打印零技能制造的含义。

3. 与 3D 打印技术相比，传统减材制造技术存在哪些问题？

§1-3 3D 打印的发展

一、国外 3D 打印的发展历程

虽然直到今天，人们依然认为 3D 打印是一种新兴事物，但其实 3D 打印思想很早以前就存在。在几十年前，人们使用 3D CAD 技术（3D 计算机辅助设计技术）时就希望将设计方便地"转化"为实物，因此，也就有了发明 3D 打印机的必要。

1. 产生期

3D 打印技术源于美国。1983 年，美国科学家 Charles Hull（查尔斯·赫尔）发明了立体光固化成形技术，并制造出全球首个增材制造零件。1986 年，Charles Hull 获得了全球第一项增材制造专利，同年成立 3D Systems 公司。1988 年，3D Systems 公司生产出第一台自主研发的 3D 打印机 SLA-250（图 1-3-1）。SLA-250 的面世是 3D 打印技术发展历史上的一个里程碑，其设计思想几乎影响了后续所有的 3D 打印设备，全球也从此进入了增材制造时代。目前，3D Systems 公司是全球最大的 3D 打印设备生产商之一。

图 1-3-1　SLA-250

2. 成长发展期

1988 年，美国康涅狄格州的工程师 Scott Crump（斯科特·克伦普）发明了另外一种 3D 打印技术——熔融沉积成形技术，这项技术利用蜡、尼龙等热塑性材料来制作物体。

1989 年，美国得克萨斯大学奥斯汀分校的 C.R.Dechard（德卡德）博士发明了第三种 3D 打印技术——选择性激光烧结技术，这项技术利用计算机控制高强度激光逐层将尼龙、蜡、金属和陶瓷等材料的粉末高温烧结直至成形。凭借这一核心技术，他组建了 DTM 公司，之后 DTM 公司一直是选择性激光烧结技术的主要领导企业，直到 2001 年被 3D Systems 公司收购。

在随后的几年中，三维打印成形技术、薄材叠层制造成形技术、选择性激光熔融成形技术等 3D 打印技术不断出现和发展，为 3D 打印技术的广泛应用打下了良好的基础。

3. 广泛应用期

进入 21 世纪后，3D 打印技术逐渐被大众所接受，特别是 2010 年后，随着技术的进步，3D 打印技术在工业模具、工业设计、土木工程、汽车、航空航天、医疗、教育等领域发挥了巨大的作用。据 Wohlers Associates（全球最具权威的 3D 打印行业研究机构）统计，2017 年，全球增材制造产业产值达到七十多亿美元。工业级 3D 打印设备，特别是 3D 金属打印设备的应用不断增加。目前，3D 打印技术的发展已经呈现以下特点：

（1）产业格局基本形成

3D 打印产业已基本形成了以欧美等发达国家和地区为主导，亚洲国家和地区后起追赶的发展态势。美国率先将增材制造产业上升到国家战略发展高度，欧盟及其成员国注重发展 3D 金属打印技术。据统计，目前，全球 3D 打印设备市场保有量占有率，美国第一，德国第二，中国居全球第三位。

（2）应用范围不断拓展

近年来，越来越多的企业将 3D 打印技术用于突破研发瓶颈或解决设计难题，助力智能制造、绿色制造等新型制造模式。据统计，全球 3D 打印应用领域前五名分别是工业制造、航空航天、汽车制造、消费电子产品制造和医疗领域。

（3）企业持续发展、不断重组

随着一大批企业进入增材制造领域，全球范围内的产业竞争不断加剧，小的 3D 制造服务企业不断被大企业兼并，全球较大的 3D 制造服务企业不断通过并购提升竞争力。例如，3D Systems 公司仅在 2009—2013 年的 5 年间，就收购了 3D 打印设备制造商、材料生产商、设计公司、软件开发商、3D 扫描仪制造商、服务提供商等近 30 家企业，涵盖了增材制造的全产业链。

（4）3D 打印发展态势良好

随着在 3D 打印技术不断革新和发展，3D 打印设备的价格和成本大幅度降低，从而使得 3D 打印技术得以更加普及，应用更加广泛。目前，3D 打印技术已广泛应用于航空航天、汽车制造、机械制造及医疗领域，3D 打印技术的作用及价值已经得到更好的体现和应用。

二、国内 3D 打印的发展历程

我国自 20 世纪 80 年代初开始发展 3D 打印技术，大致经历了艰难起步、逐步发展和开始产业化三个阶段。

1. 艰难起步阶段

1988 年，正在美国加州大学洛杉矶分校做访问学者的清华大学教师，后来被视为中国 3D 打印技术先驱人物之一的颜永年教授偶然得到了一张工业展览宣传单，其中介绍了快速成形技术。颜永年教授回国后立刻启动相关技术的研发，并建立了清华大学激光快速成形中心。

西安交通大学的卢秉恒教授被视为中国 3D 打印技术的另一先驱人物。他在 1992 年赴美国访问时发现了 3D 打印技术在汽车制造业中的应用，回国后随即转向研究这一领域，并于 1994 年成立了先进制造技术研究中心。

2. 逐步发展阶段

经过 20 多年的发展，我国已涌现出许多从事 3D 打印设备制造与服务的企业，如北京殷华激光快速成形与模具技术有限公司（清华大学）、武汉滨湖机电技术产业有限公司（华中科技大学）、渭南鼎信创新智造科技有限公司（西安交通大学）、北京太尔时代科技有限公司等。其中部分企业的 3D 打印技术和设备已经达到了国际领先水平。北京航空航天大学从 2000 年开始攻关，在 5 年时间里突破了钛合金等高性能金属结构件激光快速成形关键技术及关键成套工艺装备技术，制造出了 C919 客机机头工程样件所需的钛合金主风挡窗框，使我国跻身于国际上少数几个全面掌握这项技术的国家行列，并成为继美国之后第二个掌握飞机钛合金结构件激光快速制造技术的国家。表 1-3-1 是国内主要 3D 打印设备公司的代表产品与技术工艺。

▼ 表 1-3-1　国内主要 3D 打印设备公司的代表产品与技术工艺

公司	代表产品与技术工艺
北京太尔时代科技有限公司	熔融沉积设备、立体光固化设备
北京殷华激光快速成形与模具技术有限公司	层压制造设备、立体光固化设备
武汉滨湖机电技术产业有限公司	选择性激光烧结设备、选择性激光融化设备
渭南鼎信创新智造科技有限公司	熔融沉积设备、立体光固化设备
中科院广州电子技术有限公司	立体光固化设备
南京紫金立德电子有限公司	熔融沉积设备
湖南华曙高科技有限责任公司	选择性激光烧结设备

3. 开始产业化阶段

虽然这 20 多年来我国 3D 打印产业化不断推进，但 3D 打印产业的规模依然很小，在产业化技术发展和应用方面仍落后于欧美国家，主要体现在以下几个方面：

（1）在技术研发方面，我国 3D 打印设备的部分技术水平与国外先进水平相当，但在关键元器件、打印材料、智能化控制和应用范围等方面较国外落后。我国增材制造技术主要应用于模型制作，在高性能零部件直接制造方面还有待发展。

（2）在工艺技术研究方面，国外是基于理论基础的工艺控制，而我国则更多依赖于经验和反复的试验验证，导致我国增材制造工艺关键技术整体落后于国外先进水平。

（3）绝大部分 3D 打印工艺设备国内都有研制，但在智能化程度上与国外先进水平相比还有差距。

（4）我国部分增材制造设备的核心元器件还主要依靠进口。

2015 年，为加快推进我国增材制造产业健康、有序发展，工业和信息化部、国家发展和改革委员会、财政部联合发布了《国家增材制造产业发展推进计划（2015—2016 年）》。相信在不久的将来，我国 3D 打印技术一定会赶上欧美等先进国家。

三、3D 打印快速发展的原因

价格下降和技术进步是 3D 打印迅速发展的两个重要原因。

1. 价格下降

最早的 Stratasys 3D 打印机每台售价高达 13 万美元，现在普通 3D 打印机的价格已降至几千美元左右，国产 3D 打印机甚至只需要几千元，价格的下降直接促成 3D 打印机的普及。近些年，3D 打印材料也在不断进步与发展。随着 3D 打印机、打印材料和零部件价格的下降，使得 3D 打印机正日益成为一台能制造万物的神奇机器。

2. 技术进步

目前，3D 打印机在打印精度、打印速度、打印尺寸和软件支持等方面不断提升，被广泛应用于模具制作、样品制作、辅助设计、文物复原等多个领域，特别是被应用到航空航天及生物医学等尖端领域。在即将进入的工业 4.0 时代，飞速发展的 3D 打印技术为第四次工业革命拉开了序幕。随着 3D 打印技术的飞速发展，3D 打印将在人们日常生活的衣、食、住、行等方面发挥巨大的作用。

四、3D 打印存在的困难与挑战

目前，3D 打印技术虽然已经取得了重大进展，但有关材料、设备和软件等方面依然存在不少问题，具体表现在以下几个方面：

1. 打印材料的开发

打印材料是 3D 打印技术发展的关键因素，与传统加工领域的材料相比，目前可供 3D 打印的原材料还不多，未来需要开发更多的 3D 打印材料，并深入研究材料的结构和属性，明确材料的优缺点，为材料制定规范性标准等。

2. 加工成本的控制

目前，3D 打印技术在新产品试制、样件生产、复杂形状加工等方面成本优势明显，但并不具备规模生产的优势，特别是工业 3D 打印机的价格依然昂贵。但是随着材料、设备成本的下降，未来打印品的成本将明显下降。

3. 知识产权的保护

制造业的成功不仅取决于生产规模，还取决于创意。如果没有 3D 打印方面的法律法规来保护创新者的知识产权，模仿者利用 3D 打印技术能轻而易举地快速复制出仿制品而使得创新者面临"盗版"威胁。

4. 生产的监管

如果犯罪分子利用 3D 打印技术制作枪支等危险品，将会对社会安全造成很大的威胁和挑战；如果利用 3D 生物打印技术制作用于人体的器官等，将会涉及社会道德和伦理问题。因此，加强 3D 打印生产过程的监管是未来 3D 打印技术面临的一项挑战。

5. 生产技能的要求

目前，3D 打印机的操作基本属于零技能，但 3D 打印数据的获取广泛运用了计算机辅助设计技术，这是一项专业性极强的技术。未来 3D 打印数据获取技能水平的高低是决定 3D 打印技术发展的重要因素之一。

6. 标准的建立

3D 打印技术在我国的发展还处于初级阶段，材料和成品的国家标准不健全，急需国家出台相应的材料和打印标准指导 3D 打印技术的发展。

7. 普及工作的宣传

3D 打印技术的整个产业规模虽然不大，但能够提升其他产业的发展。目前，社会对 3D 打印技术的认识度还不高，限制了 3D 打印技术的发展，因此，加强 3D 打印技术的普及和宣传工作将对 3D 打印技术的发展起到很好的促进作用。

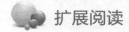 扩展阅读

3D 打印技术大事件

1996 年在一定程度上可以称为 3D 打印机商业化元年，在这一年，3D Systems、Stratasys、Z Corporation 公司分别推出了一款性能完善的 3D 打印产品，并第一次使用了"3D 打印机"的称谓。

2005 年，Z Corporation 公司推出了世界上第一台高精度彩色 3D 打印机 Spectrum Z510。

2010 年，美国 Organovo 公司研制出了世界上第一台 3D 生物打印机。这种打印机能够使用人体脂肪或骨髓组织制作出新的人体组织，使得使用 3D 打印技术打印人体器官成为可能。

2011 年 7 月，英国研究人员开发出世界上第一台 3D 巧克力打印机。

2011 年 8 月，英国南安普敦大学的工程师们开发出世界上第一架 3D 打印飞机 SULSA。

2011 年 9 月，奥地利维也纳科技大学开发了更小、更轻、更便宜的 3D 打印机，这个超小的打印机重 1.5 kg，报价约 1 200 欧元。

2011 年，荷兰的一位医生给一名 83 岁老人安装了一块用 3D 打印技术打印出来的金属下颌骨，这是全球首例此类型的手术，标志着 3D 打印移植物开始进入临床应用。

2012 年 3 月，维也纳大学的研究人员宣布利用二光子平版印刷技术突破了 3D 打印的最小极限，打印出一辆长度不到 0.3 mm 的赛车模型。

2012 年 7 月，比利时鲁汶工程联合大学成功制造出世界上第一辆 3D 打印赛车，赛车被命名为"阿里翁"，最高速度为 141 km/h。

2012 年 11 月，苏格兰赫瑞瓦特大学的科学家们利用人体细胞首次用 3D 打印机打印出人造肝脏组织。

2012 年 4 月，英国《经济学人》发表专题文章，称 3D 打印将引起第三次工业革命。这篇文章引发了人们对 3D 打印的重新认识，3D 打印开始在社会大众中传播开来。

2012 年 8 月，美国建立国家增材制造创新研究院（NAMII），并被命名为"美国制造"。

2013 年 11 月，美国得克萨斯州奥斯汀的 Solid Concepts 3D 打印公司设计并制造出 3D 打印的金属手枪。

2013 年，美国前总统奥巴马发表国情咨文演讲，强调了 3D 打印的重要性。

2015 年，Materialise 公司开始为空客 A340 XWB 飞机供应 3D 打印的部件。

2016 年 1 月 4 日，3D Systems 公司将其 ProX DMP 320 3D 打印机推向市场。ProX DMP 320 3D 打印机的推广标志着 3D 打印金属的技术走向成熟。

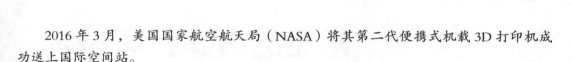

2016 年 3 月，美国国家航空航天局（NASA）将其第二代便携式机载 3D 打印机成功送上国际空间站。

2016 年 6 月，Airbus 公司在柏林国际航空航天展览上展出了世界上首款命名为雷神（Thor）的 3D 打印无人机。

2016 年 9 月，WASP 公司推出了世界上最大的 Delta 式房屋 3D 打印机，该机器高 12 m，能 3D 打印出整个住宅。

2016 年 12 月，悉尼的心脏研究所（HRI）开发了一款能 3D 打印人类细胞的生物打印机，并成功打印出跳动的心脏细胞。这意味着人类离 3D 打印出可植入的人体器官又近了一步。

2017 年 4 月，Airbus 公司对一架安装了用增材制造技术制造的扰流传动装置的 A380 进行了飞行测试。

2017 年 5 月，Rocket Lab 公司在新西兰成功发射了首枚（也是全球首枚）电池动力火箭 Electron。

2017 年 5 月，我国自主生产的大飞机 C919 试飞成功。C919 在研制过程中大量采用了 3D 打印技术。

2018 年 5 月，中国科学院兰州化学物理研究所 3D 打印纸基光热可逆驱动器件研究取得进展。

2018 年 5 月，华盛顿州立大学（WSU）研究人员开发了一种用于骨组织再生的 3D 打印陶瓷支架，并发现当支架涂有从天然姜黄中提取的成分时，骨骼再生可以提高 30% ~ 45%。

2018 年 5 月，英国纽卡斯尔大学（NCL）的科学家利用 3D 打印技术成功地打印了第一个人类角膜，未来该技术成熟以后可用于无限量地供应角膜。

练习题

1. _____ 年，由 _____ 国科学家 _____ 发明了立体光固化成形技术，并制造出全球首个增材制造零件。

2. 1988 年，美国康涅狄格州的工程师 Scott Crump 发明了 _____ 3D 打印技术。

3. 我国最早是在 _____ 和 _____ 两所高校开始了 3D 打印技术的研究。

4. 目前 3D 打印技术存在的问题主要表现在哪些方面？

常见的 3D 打印技术

1. 掌握熔融沉积成形技术、立体光固化成形技术和选择性激光烧结技术的原理、特点、应用与发展方向,熟悉其常见的材料种类。
2. 了解三维打印成形技术、薄材叠层制造成形技术、选择性激光熔化技术。
3. 掌握常用 3D 打印技术的特点。

§2-1　熔融沉积成形技术

　　熔融沉积成形(Fused Deposition Modeling,FDM)技术又被称为熔丝沉积成形技术,是目前发展最成熟、应用最广泛的快速成形技术。近年来,随着 FDM 技术的不断完善、设备成本的不断降低、打印精度和效率的不断提高,FDM 技术正越来越多地被人们所接受和应用。

一、熔融沉积成形技术的原理

　　熔融沉积成形技术是将丝状的热熔性材料加热熔化,同时在计算机的控制下,根据截面轮廓信息,将材料通过带有微细喷嘴的喷头,选择性地挤喷出来,涂敷在工作台上,快速冷却后形成一层截面。一层成形完成后,工作台下降一个高度(即分层厚度)再成形下一层,直至形成整个实体造型。其打印材料种类多,成形件强度高、精度较高,主要适用于成形小塑料件。

　　FDM 机械系统主要包括喷头、送丝机构、托盘(加热板)、加热室、工作台等部分,如图2-1-1 所示。FDM 工艺在原型制作时需要同时制作支撑,为了节省材料成本和提高沉积效率,新型 FDM 设备采用了双喷头,一个喷头用于沉积模型材料,另一个喷头用于沉积支撑材料。

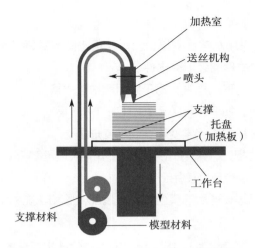

图 2-1-1　FDM 机械系统的组成

　　FDM 中，每一个层片都是在前一层上堆积而成，前一层对当前层起到定位和支撑的作用。随着高度的增加，层片轮廓的面积和形状都会发生变化，当形状发生较大变化时，前一层轮廓就不能给当前层提供充分的定位和支撑，这就需要设计一些"支撑"作为辅助结构，以保证成形过程的顺利实现。送丝机构为喷头输送原料，送丝过程要求平稳、可靠，避免断丝或产生积瘤，如图 2-1-2 所示。

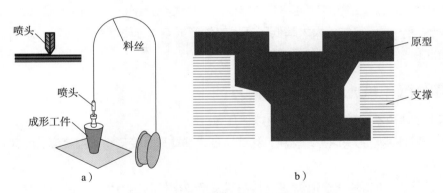

图 2-1-2　FDM 的工艺原理及原型和支撑

a）工艺原理图　b）原型和支撑

二、熔融沉积成形技术的特点

1. 优点

　　简单来说，FDM 技术主要是将原本复杂的三维模型根据一定的层厚分解为若干二维图形，然后采用层层叠加的方法还原制造出三维实体样件，其优势主要有以下几点：

　　（1）成本低。FDM 技术设备价格低，原材料的利用率接近 100%，使得加工成本大大降低。

（2）FDM 技术可以采用水溶性支撑材料，使得去除支撑简单易行，可快速构建复杂的内腔、中空零件以及一次成形的装配结构件。

（3）原材料以卷轴丝的形式提供，易于搬运和快速更换。

（4）可选用多种材料，如 PLA、ABS、TPE/TPU 等。

（5）原材料在成形过程中无化学变化，制件变形小。

（6）与传统加工方式相比，采用 FDM 技术的粉尘、噪声等污染少，且不用建设与维护专用场地，适合于办公室设计环境使用。

（7）材料强度好，打印成形后的模型可用于装配检验和功能测试等领域。

2. 缺点

（1）精度较低，最高精度约为 0.15 mm，难以构建结构复杂的零件。

（2）原型的表面有较明显的条纹，打印的层与层之间的截面垂直方向强度小。

（3）成形速度比传统加工慢，不适合构建大型零件。

三、熔融沉积成形技术的应用场合

基于 FDM 工艺的特点，FDM 技术被大量应用于汽车、机械、家电、通信、电子、建筑、医学、玩具等产品的设计与开发过程，如产品外观评估、方案选择、装配检查、功能测试、用户看样订货、塑料件开模前校验设计以及少量产品制造等，也应用于学校及研究所等机构。用传统加工方法需要几个星期，甚至几个月才能制造出来的复杂产品原型，用 FDM 技术在短时间内便可完成，大大降低了产品的生产成本，缩短了生产周期，提高了生产效率，给企业和社会带来了较大的经济效益。

四、熔融沉积成形技术的发展方向

未来 FDM 技术的发展方向主要有以下几点：

（1）开发性能好的快速打印材料，如成本低、易成形、变形小、强度高、耐久及无污染的打印材料。

（2）改善快速成形系统的可靠性，提高其生产效率和制作大尺寸工件的能力。

（3）创新和改进成形方法与工艺，着重推动直接金属 FDM 技术的发展。

（4）提高网络化服务的能力，实现更加便捷的远程打印和控制。

五、熔融沉积成形技术的打印材料

1. FDM 打印材料的种类

FDM 打印材料主要有 PLA 和 ABS，另外还有一些其他的材料，如 TPE/TPU 柔性材料、木质感材料、金属质感材料、碳纤维材料、夜光材料等。

（1）PLA 材料

PLA（Polylactic acid，聚乳酸）是 3D 打印最常用的材料。它是一种新型生物降解材料，由玉米、木薯和甘蔗等可再生资源提取的淀粉原料，经发酵制成乳酸，再通过化学合成转换成 PLA，使用后能被自然界中的微生物降解，不污染环境，是一种环境友好材料，也被称为"绿色塑料"。图 2-1-3 所示为用 PLA 材料打印的模型。

图 2-1-3　用 PLA 材料打印的模型

PLA 的加工温度为 190～220℃，使用温度一般在 60℃ 以下（高于 60℃ 会变形，所以不适合制作受热的物体，多用于制作家用物品、小工具和玩具等）。PLA 具有良好的耐溶剂性、力学性能和物理特性，可采用挤压、拉伸、注塑等多种方式进行加工；拥有良好的光泽与透明度，用 PLA 制成的产品其生物相容性、手感等非常好；在打印时不会产生难闻的气味，所以它相对安全，适合在办公室或教室使用。

（2）ABS 材料

ABS（Acrylonitrile Butadiene Styrene，丙烯腈—丁二烯—苯乙烯共聚物）是受欢迎程度仅次于 PLA 的 FDM 打印材料。这种热塑性塑料具有价格便宜、耐用、弹性较好、质量轻、容易挤出等特点，非常适合于 3D 打印。此外，ABS 还广泛应用于机械、汽车、电子电器、纺织和建筑等工业领域，是一种用途极广的热塑性工程塑料。图 2-1-4 所示为用 ABS 材料打印的模型。

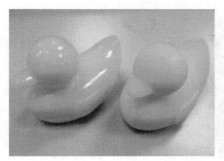

图 2-1-4　用 ABS 材料打印的模型

ABS 是五大合成树脂之一，是丙烯腈、丁二烯和苯乙烯的三元共聚物。丙烯腈使 ABS 具有耐热性、耐油性、刚性和耐化学性，丁二烯使 ABS 具有抗冲击性、韧性和低温稳定性，苯乙烯使 ABS 保持良好的加工工艺性和表面光泽。

ABS 在 160℃ 以上即可成形，在 270℃ 以上可分解，加工温度一般为 230~250℃，使用温度一般为 -40~100℃，耐水、无机盐、碱和酸类，不溶于大部分醇类和烃类溶剂，易溶于醛、酮、酯和某些氯代烃中。常温下，ABS 是非晶态、不透明、无毒、无味、浅黄色的热塑性树脂。ABS 力学性能和热性能优良，硬度高，表面易镀金属，疲劳强度、冲击强度高，价格较低，易加工成形，修饰容易。ABS 在紫外线作用下易受氧化降解发生变化，所以耐候性差。在用 ABS 材料打印的过程中，必须对平台进行加热，否则打印的第一层冷却太快，可能会出现翘曲和收缩等现象。

（3）其他材料

1）TPE/TPU 柔性材料。TPE（Thermoplastic Elastomer，热塑性弹性体）是一种热塑性弹性体材料，具有高强度、高回弹性、可注塑加工、环保无毒、着色性能优良等特点，应用广泛。TPU（Thermoplastic Polyurethanes，热塑性聚氨酯弹性体橡胶）主要分为聚酯型和聚醚型。TPE/TPU 柔性材料具有硬度范围宽、耐磨、耐油、透明、弹性好等优点，在日用品、体育用品、玩具、装饰材料等领域得到了广泛应用。图 2-1-5 所示为用 TPE/TPU 材料打印的模型。

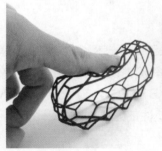 

图 2-1-5　用 TPE/TPU 材料打印的模型

在商业应用中，TPE 通常用于汽车部件、家用电器、医疗用品、生活用品、智能手机盖等生产中；TPU 可以制造伸展性良好的物体，但打印时难度较高。

2）木质感材料。木质感材料可以打印出触感类似木头的模型。通过在 PLA 中混合一定量的木质纤维，如竹子、桦木、乌木等，可以制作出一系列的木质感 3D 打印材料，但掺入木质纤维后，会降低材料的柔韧性和抗拉强度。图 2-1-6 所示为用木质感材料打印的模型。

3）金属质感材料。金属质感材料是一种 PLA 或 ABS 与金属粉末混合的材料。用金属质感材料制作的模型抛光后，从视觉上能感到这些模型就像是用青铜、黄铜、铝或不锈钢制造出来的。金属粉末与 PLA、ABS 混合后的打印线材比普通的 PLA、ABS 重很多，所以质感更像金属。图 2-1-7 所示为用金属质感材料打印的模型。

图 2-1-6　用木质感材料打印的模型

图 2-1-7　用金属质感材料打印的模型

4）碳纤维材料。碳纤维材料是混合了细碎碳纤维的 3D 打印线材。用碳纤维材料打印的模型（图 2-1-8）在刚性、结构以及层间附着力方面的性能都比较出色，但成本较高。由于碳纤维材料是研磨制成的，即使研磨得非常精细也避免不了加剧喷嘴的磨损，特别是由类似黄铜等软金属制成的喷嘴，所以打印一段时间后喷嘴就会出现磨损。

图 2-1-8　用碳纤维材料打印的模型

5）夜光材料。夜光材料是通过在 PLA 或 ABS 中添加不同颜色的荧光剂制成的。夜光材料在光源下照射 15 min 后将其放置于黑暗处，就会发出绚丽的光。目前，可以制造出的材料颜色有绿色、蓝色、红色、黄色和橙色等。图 2-1-9 所示为夜光材料及用夜光材料打印的模型。

　　　　　　a）　　　　　　　　　　　　　　　　b）

图 2-1-9　夜光材料及用夜光材料打印的模型

a）夜光材料　b）用夜光材料打印的模型

2. PLA 和 ABS 的对比与应用

虽然 PLA 和 ABS 这两种材料极其相似，但在实际应用中其性能和应用领域有许多不同，具体表现在以下几方面：

（1）环保性

PLA 是一种生物聚合物，理论上比 ABS 环保。PLA 除了用于 3D 打印外，还常用于制造包装材料、塑料杯和塑料水瓶等。ABS 是一种化合物，常用于制造日常生活中的塑料制品，如汽车制品、电气设备、乐高积木等。ABS 不是食品安全材料，当其接触到热的液体或食物时，塑料中的化学物质会逐渐浸入食物。

（2）热学性能

由于各类材料及其制品都必须在一定的温度下使用，在使用过程中，不同的温度会有不同的热物理性能表现，这些热物理性能就称为材料的热学性能。PLA 和 ABS 的热学性能见表 2-1-1。

▼ 表 2-1-1　PLA 和 ABS 的热学性能

热学性能	PLA	ABS
熔融指数（cm³/min）	1.03	0.97
玻璃化转变温度（℃）	60~65	105

续表

热学性能	PLA	ABS
极限温度（℃）	70~80	110~125
熔化温度（℃）	160~190	210~240
打印温度（℃）	190~220	230~250
推荐热床温度（℃）	50~70	80~120

（3）力学性能

PLA 脆性强，表面硬度高，弯曲时容易折断，用这种材料制成的物品可以进行切割、打磨、涂漆和用黏合剂黏合。

ABS 可用丙酮进行处理，以改善打印物品表面的光滑度。与 PLA 相比，ABS 在压力作用下更容易弯曲，但不易折断，具有更好的可塑性，后处理加工也更容易。

（4）存储性

PLA 和 ABS 都会吸收空气中的水分，但 ABS 更易吸潮，所以两种耗材卷都是密封出售。应将耗材卷存放于干燥处，开封后的耗材卷应尽快使用完，否则打印的质量可能会受到影响。如果材料受潮，可以尝试使用 50~60℃的热风干燥，干燥后一般不会影响材料的性能。

（5）气味

当用 PLA 和 ABS 材料进行打印时，会有一定的气味产生。PLA 加热时的气味比较淡，ABS 加热时会散发出难闻的塑料气味，并且 ABS 在打印过程中有毒物质的释放量远远高于 PLA，因此，在用 ABS 材料进行打印时，打印机需要放置在通风良好的地方或采取封闭机箱并配备空气净化装置。

（6）可降解性

PLA 是可进行生物降解的，因为它是由植物材料制成的。ABS 是不可进行生物降解的，但可以回收。

（7）价格

两种耗材的价格大致相当。一般直径 1.75 mm、质量 1 kg 包装的 PLA 和 ABS 丝材，价格为 50~120 元，特殊的耗材要贵一些。

（8）应用领域

PLA 与人体具有生物相容性，但由于 PLA 的玻璃化转变温度较低，所以不适合制作受热的物体，多用于制作家用物品、小工具和玩具等。

ABS 具有优良的抗冲击性、耐热性、耐低温性、耐化学药品性及电气性能，还具有易加工、制品尺寸稳定、表面光泽性好等特点，多用于机械、汽车、电子电器、仪器仪表、纺织和建筑等工业领域。

目前，ABS、PLA 是 FDM 打印机使用最多的两种耗材。

扩展阅读

熔融指数（熔体流动速率）：是一种表示塑胶材料加工时的流动性的数值，衡量指标是熔体每 10 min 通过标准口模毛细管的质量或熔融体积。

玻璃化转变温度（玻璃点）：是指当温度升高时，硬脆（玻璃）材料转变成熔融或类似橡胶状态的温度。

极限温度：是指材料或产品在出现失效前能够达到的最高或最低温度。如果打印机装有热床，热床的温度必须低于打印材料变形的极限温度，否则物体会变形。

熔化温度（熔点）：是指材料开始熔化的温度。

打印温度：3D 打印时的温度通常高于熔点，因为当材料从喷嘴挤出时，材料已经熔化而不是刚开始熔化。

练习题

1. 简述熔融沉积成形技术的基本原理。

2. FDM 打印材料主要有_____和_____，此外，还有一些其他的材料，如_____、_____、金属质感材料、碳纤维材料和夜光材料等。

3. PLA 和 ABS 材料相比，_____材料更环保。

§2-2　立体光固化成形技术

立体光固化成形（Stereo Lithography Apparatus，SLA）技术，又被称为立体光刻成形技术，是最早发展起来的快速成形技术。立体光固化成形技术以液态光敏树脂为原料，通过控制紫外激光束扫描液态光敏树脂使其有序固化成形。用激光照射液态光敏树脂使其固化，分层进行三维物体成形的概念，最初是由美国的 Charles Hull 博士在他的论文中提出的，并获得了专利。

SLA 成形件可作为功能件直接应用，并且具有较高的强度和硬度，对于特别复杂和精细的工件也能成形，其成形性能十分卓越。目前，从事光固化成形研究的机构有美国 3D Systems 和 Stratasys 公司、德国 Eos 公司、日本 Cmet 和 Denken Engineering 公司，以及国内的西安交通大学等。

一、立体光固化成形技术的原理

　　SLA 的原理如图 2-2-1 所示。基于液态光敏树脂的光固化原理，光固化开始后首先在升降台表面附上一层液态光敏树脂，然后计算机控制振镜系统，使聚焦后的紫外激光束按零件分层后的扫描路径在液态光敏树脂表面进行扫描，完成第一个固化层。之后，升降台下移一层的厚度，并由刮刀刮平固化层表面的树脂，再进行后续层的扫描。新的固化层在前一层的表面固化，计算机根据零件各层的分层信息重复整个工作流程，直至工件加工完成，然后将工件取出，进一步进行固化或直接进行后续的表面处理，如喷砂、打磨等。

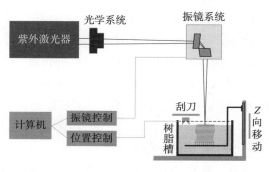

图 2-2-1　SLA 的原理

二、立体光固化成形技术的特点

1. 优点

　　SLA 技术是最早出现的快速原型制造技术，成熟度较高，一般来讲它具有以下优点：

　　（1）固化快。SLA 可在几秒钟内固化，可应用于要求立刻固化的场合。

　　（2）不需要加热。这一点对于某些不能耐热的塑料、光学、电子零件来说十分有用。

　　（3）节能环保，光源的效率高。

　　（4）打印材料利用率接近 100%。

　　（5）生产的自动程度高，可以提高生产效率和经济效益。

　　（6）由 CAD 数字模型直接制成原型，加工速度快，产品生产周期短，无须切削工具与模具。

　　（7）可以加工外形结构复杂或使用传统方法难以加工的原型或零件。

　　（8）为实验提供试样，可以对计算机仿真计算的结果进行验证与校核。

2. 缺点

　　（1）SLA 设备造价昂贵，特别是产生紫外激光的激光管使用寿命不长，因此，设备的使用和维护成本高。

　　（2）SLA 设备是对液体进行操作的精密设备，对工作环境要求苛刻。

（3）成形件多为树脂类，强度、刚度、耐热性有限，不利于长时间保存。

（4）固化过程中产生刺激性气味，有污染，因此，设备在运行过程中必须遵守安全操作规程和环保要求。

三、立体光固化成形技术的应用场合

基于 SLA 技术的特点，SLA 技术适合于制作中小型工件，如能直接得到树脂或类似工程塑料的产品，主要用于概念模型的原型制作，或用来做简单装配检验和工艺规划。由于 SLA 的成形方式与结构复杂程度无关，因此，SLA 比较适合制造一些结构复杂的产品，如音响、相机、手机、MP3、摄像机、电熨斗、电吹风、吸尘器等的零部件。

在设计领域，SLA 可用于可装配和可制造性检验、可制造性讨论评估、确定最合理的制作工艺；在铸造领域，用 SLA 可以快速、低成本地制作压蜡模具，制作树脂熔模以替代蜡型；在砂型铸造领域，可以用树脂模具替代木模，从而提升薄壁、曲面等结构铸件的质量和成形效率；在医学领域，SLA 可用于假体的制作、复杂外科手术的术前模拟、口腔颌面修复等，促进了医疗手段的进步。基本上只要需要模型或原型的领域，SLA 均可应用。

四、立体光固化成形技术的发展方向

SLA 的发展方向是高速化、高精度化、环保、微型化及开发高性能材料。

1. 高速化

现在使用的 SLA 设备加工样件的速度比较慢，一般需要几个小时到十几个小时，所以高速化是其必然的发展方向，可以大大提高效率。

2. 高精度化

传统 SLA 设备每层厚度为 0.05～0.4 mm，最终的样件精度可达到 ±0.10 mm，仅能满足一般的工程需求。但是在微电子和生物工程等领域，一般要求制件具有微米级或亚微米级的细微结构，传统的 SLA 设备无法满足这一需求，急需 SLA 技术向高精度化方向发展。

3. 环保

现有的 SLA 材料都有一定的毒性，不够环保，所以环保也是未来的发展方向之一。

4. 微型化

SLA 设备的体积普遍较大，并且对使用环境的要求比较高，开发办公环境下使用的桌面级微型 SLA 3D 打印机也是未来的发展方向之一。

5. 开发高性能材料

目前，SLA 设备使用的光敏树脂在收缩率、翘曲率等物理性能上还有许多不足，开发低收缩率、低翘曲率、低成本、高固化速度、多功能的高性能材料也是 SLA 未来的发展方向之一。

五、立体光固化成形技术的打印材料

打印材料一直是 SLA 技术研究与开发的核心，也是 SLA 技术重要的组成部分。光固化材料直接决定着 SLA 模型的性能及适用性。用于 SLA 的打印材料称为光固化树脂，或称为光敏树脂。随着 SLA 技术的不断发展，具有收缩率小（甚至无收缩）、变形小、不用二次固化、强度高等性能的光敏树脂不断地被开发出来。

1. SLA 技术对材料的要求

SLA 技术所使用的材料为反应型的液态光敏树脂，在光化学反应作用下从液态转变成固态。由于 SLA 技术成形工艺的独特性，对打印材料有以下几点要求：

（1）低黏度

在成形过程中，低黏度的树脂利于树脂浸润、新层涂覆与流平，可减少涂层时间，提高成形效率。

（2）光敏性好

SLA 技术一般采用紫外激光，激光能量在几十到几百毫瓦范围内，激光扫描速度快，作用于树脂的时间极短，因此，树脂应对该波段的光有较强的吸收作用和较快的响应速度。

（3）微小的固化形变

成形过程中的形变大小不仅直接影响样件的尺寸精度，较大的固化形变还会导致零件的翘曲、变形和开裂等，致使成形失败。

（4）固化产物良好的耐溶剂性能

在成形过程中，固化产物浸润于液态树脂中，若发生溶胀，样件会失去强度与精度。后处理清洗时需要采用溶剂，为减小溶剂对样件的影响，固化产物应具有良好的耐溶剂性能。

（5）固化产物优良的力学性能

精度与强度是快速成形最重要的两个指标，优良的力学性能可以满足制作功能件的要求。

（6）低毒与环保性

打印材料单体与聚合物的毒性应较低，以减小对操作人员和环境的危害。

2. SLA 材料的组成

光固化树脂主要由低聚物、稀释剂和光引发剂组成。

（1）低聚物

低聚物是光固化树脂中比例最大的组分之一，和稀释剂一起占整个组分的 90% 以上，它是光固化配方的基体树脂。固化后产品的基本性能（硬度、柔韧性、附着力、光学性能、耐老化等）主要由低聚物树脂决定。

（2）稀释剂

稀释剂包括单官能度单体与多官能度单体两类。单官能度单体在体系中主要起稀释作用，也对光引发剂的溶解以及对固化膜的柔韧性起主导作用。这类单体固化速度较慢，一般包括乙烯基单体和丙烯酸酯。多官能度单体活性大，固化速度快，如季戊四醇四丙烯酸酯、二季戊四醇六丙烯酸酯等。

（3）光引发剂

光引发剂又称为光敏剂或光固化剂，是一类能在紫外光区（250～420 nm）或可见光区（400～800 nm）吸收一定波长的能量，产生自由基、阳离子等，从而引发单体聚合交联固化的化合物。

此外，常规的添加剂还有阻聚剂、UV 稳定剂、消泡剂、光敏剂、天然色素等。其中，阻聚剂特别重要，它可以使液态光固化树脂在容器中保持较长的存放时间。

3. 常用打印材料的性能

根据光引发剂的引发机理，光固化树脂可以分为自由基光固化树脂、阳离子光固化树脂和新型光固化树脂三类。

（1）自由基光固化树脂

自由基光固化树脂主要有三类：第一类为环氧树脂丙烯酸酯，该类材料聚合快，原型强度高，但脆性大且易泛黄；第二类为聚酯丙烯酸酯，该类材料流平性和固化好，性能可调节；第三类材料为聚氨酯丙烯酸酯，该类材料生成的原型柔顺性和耐磨性好，但聚合速度慢。

（2）阳离子光固化树脂

阳离子光固化树脂的主要成分为环氧化合物，具有固化收缩小（预聚物环氧树脂的固化收缩率为 2%～3%）、产品精度高、黏度低、强度高、产品可以直接用于注塑模具等特点。

（3）新型光固化树脂

过去，光固化成形的主要材料是自由基光固化树脂和阳离子光固化树脂。由于以自由基光固化树脂和阳离子光固化树脂为材料生产出来的零件存在易发生翘曲、变形等缺点，有不少科研机构和个人致力于研发新型的光固化打印材料，并取得了一定的研究成果。

1）混杂型光固化树脂。西安交通大学先进制造技术研究所在深入研究自由基光固化树脂和阳离子光固化树脂特性的基础上，以固化速度快的自由基光固化树脂为骨架结构，以收缩、翘曲及变形小的阳离子光固化树脂为填充物，制成混杂型光固化树脂。混杂型光固化树脂的主要优点有可以提供诱导期短而聚合速度稳定的聚合物；可以设计成无收缩的聚合物；保留了阳离子在光消失后仍可继续引发聚合的特点。采用混杂型光固化树脂作为 SLA 的原材料，可以得到精度较高的原型零件。

2）功能型光固化树脂。目前，SLA 制造工艺所用的材料缺乏合适的性能，使得该工艺无法直接成形具有相关功能的零件（如具有导电性、导磁性等的元器件），加工出的零件一般只能作为模型，严重阻碍了这种先进技术的推广和应用。在这种情况下，研究增材制造的相关科研单位开发出了功能型光固化树脂，如利用不同的填充材料、不同的工艺开发出具有不同导电性的光固化复合材料。

4. 常用材料的选择

目前，DMS、3D Systems、Vantico、西安交通大学等单位都生产 SLA 用光敏树脂，各个厂家都有自己的核心技术，所生产的光敏树脂特性也不相同。在实际工作中应根据设备性能、工艺要求以及材料特点对光敏树脂材料进行综合评价和选择，尽量选择性价比高的材料进行打印生产。表 2-2-1 为部分 3D Systems 公司的 RenShape 系列光敏树脂材料的性能，仅供参考。

▼ 表 2-2-1　部分 3D Systems 公司的 RenShape 系列光敏树脂材料的性能

型号\指标	RenShape SLA7800	RenShape SLA7810	RenShape SLA7820	RenShape SLA7840
外观	透明琥珀色	白色	黑色	白色
固化前后密度（g/cm³）	1.12/1.15	1.13/1.16	1.13/1.16	1.13/1.16
黏度（cP[①]，30℃时）	205	210	210	270
固化深度（mil[②]）	5.7	5.6	4.5	5.0
临界照射强度（mJ/cm²）	9.51~9.98	9.9	10.0	15
抗拉强度（MPa）	41~47	36~51	36~51	36~45
延伸率（%）	10~18	10~20	8~18	11~17
拉伸模量（MPa）	2 075~2 400	1 793~2 400	1 900~2 400	1 700~2 200
抗弯强度（MPa）	69~74	59~69	59~80	65~80
弯曲模量（MPa）	2 280~2 650	1 897~2 400	2 000~2 400	1 600~2 200
冲击韧性（J/m²）	37~58	44.4~48.7	42~48	37~60
玻璃化转变温度（℃）	57	62	62	58
热膨胀率（10⁻⁶/℃）	100	96	93	100
邵氏硬度	87	86	86	86

注：① cP：厘泊，1 cP=10^{-3} Pa×s；② mil：密耳，1 mil=$2.54×10^{-5}$ m。

 扩展阅读

单体官能度：单体分子在发生缩合反应时，参加反应的官能团数目称为官能度，也就是在反应体系中实际起反应的单体官能团数。单体官能度是一个化学反应名词，它是影响固化速度的主要因素。

练习题

1. 立体光固化成形技术又被称为＿＿＿＿＿＿＿＿＿＿。

2.简述立体光固化成形技术的基本原理。

3.立体光固化成形技术有哪些优点？

4.立体光固化成形技术对材料的要求有哪些？

§2-3　选择性激光烧结技术

选择性激光烧结（Selective Laser Sintering，SLS）技术起源于美国得克萨斯大学奥斯汀分校。1986 年，该校学者 C.R.Dechard 在其论文中首次提出了 SLS 工艺原理，并于 1988 年研制出第一台 SLS 成形机。随后由美国的 DTM 公司将其商业化，于 1992 年推出了该工艺的商业化生产设备 Sinterstation 2000 成形机。在过去的 20 多年中，SLS 技术在许多领域都得到了广泛的应用，各国科研人员对 SLS 技术的基本成形原理、加工工艺、新材料、精度控制和数值仿真等方面进行了广泛而深入的研究，有力地推动了 SLS 技术的发展。

一、选择性激光烧结技术的原理

选择性激光烧结加工过程是采用铺粉装置将一层粉末材料平铺在已成形零件的上表面，并加热至恰好低于该粉末烧结点的某一温度，再由控制系统控制激光束按照该层的截面轮廓在粉末上扫描，使粉末的温度升至熔点，进行烧结并与下面已成形的部分实现黏结。当一层截面烧结完成后，升降台下降一层的厚度，铺粉装置又在上面铺一层均匀密实的粉末，进行新一层截面的烧结，直至完成整个模型，如图 2-3-1 所示。在成形过程中，未经烧结的粉末对模型的空腔和悬臂部分起着支撑作用，不必像 FDM 和 SLA 工艺那样另行生成支撑工艺结构。SLS 使用的激光器是二氧化碳激光器，使用的原料有

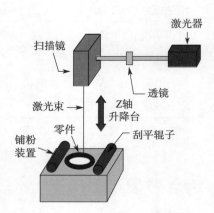

图 2-3-1　SLS 的原理

蜡、聚碳酸酯、尼龙、金属等。当实体构建完成并在原型部分充分冷却后，原型快速上升至初始位置，取出原型并放置在后处理工作台上，用刷子刷去表面粉末，露出加工件。

二、选择性激光烧结技术的特点

1. 优点

（1）可使用的材料广泛。SLS 可使用的材料包括尼龙、聚苯乙烯等聚合物，铁、钛等金属，以及陶瓷、覆膜砂等。

（2）成形效率高。由于 SLS 技术并不完全熔化粉末，而仅是将其烧结，因此制造速度快。

（3）材料利用率高。未烧结的材料可重复使用，材料浪费少。

（4）无须支撑。由于未烧结的粉末可以对模型的空腔和悬臂部分起支撑作用，不必另行设计支撑结构，可以直接生成形状复杂的原型及部件。

（5）应用面广。由于打印材料的多样化，可以选用不同的打印材料制作不同用途的烧结件，这些烧结件可用于制造原型设计模型、模具母模、精铸熔模、铸造型壳和型芯等。

2. 缺点

（1）SLS 打印设备的采购成本、维护成本都较高，原材料价格高。

（2）力学性能不足。由于用 SLS 技术成形金属零件的原理是低熔点粉末黏结高熔点粉末，因而导致制件的孔隙度高，力学性能差，特别是延伸率很低，很少能够直接用于金属功能零件的制造。

（3）需要比较复杂的辅助工艺。由于 SLS 所用的材料差别较大，有时需要比较复杂的辅助工艺，如需要对原料进行长时间的预处理（加热）、加工完成后需要进行成品表面的粉末清理等。

（4）SLS 设备的打印速度、精度和表面粗糙度还不能完全满足工业生产的要求。

（5）激光工艺参数（如激光类型和扫描方式）对零件质量影响较大，需要较长的时间进行摸索。

三、选择性激光烧结技术的应用场合

基于 SLS 技术的特点，SLS 技术已经成功应用于汽车、造船、航天、通信、建筑、医疗和考古等诸多行业，为许多传统制造业注入了新的创造力，也带来了信息化的气息。概括来说，SLS 技术除了用于快速原型制造外，还可以用于小批量和特殊零件的制造、快速模具和工具的制造，以及医学临床应用。

在制造业领域，经常会有小批量及特殊零件生产需求，这类零件加工周期长、成本高，对于某些形状复杂的零件，甚至无法制造，采用 SLS 技术可经济地实现小批量和形状复杂零件的制造；在快速模具和工具制造领域，采用 SLS 技术制造的零件可以直接作为模具使用，如熔模铸造模型、砂型铸造模型、注射模型、高精度且形状复杂的金属模型等，也可以将成形件经后处理后作为功能型零件使用。在医学领域，采用 SLS 工艺烧结的零件具有很高的孔隙度，可用于人工骨骼的制造，并且根据国外对用 SLS 技术制造的人工骨骼进行的临床研究表明，其生物相容性良好。

四、选择性激光烧结技术的发展方向

1. 新型材料的研发

打印材料是 SLS 技术发展中的关键部分，它直接影响烧结试样的成形速度、精度和物理、化学性能。目前，用 SLS 技术制造的零件普遍存在强度不高、精度低、需要进行后处理等诸多缺点，这就需要研制出适合激光烧结快速成形的专用材料。

2. SLS 各种打印材料成形机理研究

不同的粉末材料其烧结成形机理是截然不同的，如金属粉末的烧结过程主要由瞬时液相烧结控制，但是目前对其烧结机理的研究仅停留在显微组织理论层次，需要从更深层次对打印机理进行研究并定量分析烧结过程。

3. SLS 工艺打印参数优化研究

SLS 的工艺参数如激光功率、扫描方式、烧结间距、粉末颗粒大小等，对 SLS 烧结件的质量都有影响。目前，工艺参数与成形质量之间的关系是 SLS 技术的研究热点。

4. SLS 建模与仿真研究

由于烧结过程的复杂性，进行实时观察比较困难，为了更好地了解烧结过程，对工艺参数的选取进行指导，有必要对烧结过程进行计算机仿真。

随着 SLS 技术的发展，SLS 建模与仿真研究将对设备研发与应用、新工艺与新材料的研究产生积极的影响，对制造业向环保、节能、高效的方向发展产生巨大的推动作用。

五、选择性激光烧结技术的打印材料

1. SLS 技术打印材料的种类

SLS 的打印材料一般为粉末，主要可以分为金属粉末类、高分子和石蜡粉末类、覆膜类。理论上，只要是受热后能黏结在一起的粉末材料或表面覆盖有热塑层的材料都可以用作 SLS 的打印材料。

（1）金属粉末类

1）单一金属粉末。单一金属粉末是指以一种金属元素为材料的粉末。单一金属粉末经过一些后置处理，可使零件的密度达到 99.9%。

2）金属混合粉末。金属混合粉末是指由一种低熔点金属粉末和高熔点金属粉末按比例进行混合的粉末。在打印时通常是使低熔点金属粉末熔化，将高熔点金属粉末黏结在一起。打印后的零件再经过后置处理，可使零件的密度降低 18%。

3）金属和有机黏结剂混合粉末。金属和有机黏结剂混合粉末由金属粉末和有机黏结剂粉末按比例混合而成。零件的成形方式与采用金属混合粉末的方式相同。经后期高温处理，去除黏结剂，能够获得内部组织和性能较均匀的零件。

（2）高分子和石蜡粉末类

1）聚苯乙烯。聚苯乙烯受热后可以熔化、黏结，冷却后可以固化成形，且吸湿率小，收缩率也较小，其成形件浸树脂之后可进一步提高强度，可作为原型件或功能件使用，也可用作消失模铸造。其缺点是必须采用高温燃烧法进行脱模处理，容易造成环境污染。

2）工程塑料。工程塑料（如 ABS）与聚苯乙烯同属热塑性材料，其烧结成形性能与聚苯乙烯相近，只是烧结温度高 20℃左右，但工程塑料成形件强度较高，所以在国内外被广泛用于快速制造原型件以及功能件。

3）尼龙材料。尼龙材料常用于制造功能件。目前商业化广泛使用的尼龙材料有 4 种，具体见表 2-3-1。

▼ 表 2-3-1　尼龙材料的种类及特点

种类	特点
标准 DTM 尼龙	该材料具有良好耐热性和耐腐蚀性
DTM 精细尼龙	与标准 DTM 尼龙相比，它不仅具有与标准 DTM 尼龙相同的性能，还提高了制件的尺寸精度，降低了表面粗糙度，但价格昂贵
医用级 DTM 精细尼龙	该材料可通过高温蒸汽消毒（循环 5 次）
原型复合材料	该材料是精细尼龙经玻璃强化的一种改性材料，与未被强化的标准 DTM 尼龙相比，它具有更好的加工性能，表面粗糙度为 4~51 μm，尺寸公差为 0.25 mm，同时提高了耐热性和耐腐蚀性

4）蜡粉。传统的熔模铸造用蜡，蜡模强度较低，难以满足精细与复杂结构铸造的要求，且成形精度较差，而采用了化学合成法开发出的以聚乙烯为主要成分的复合精铸蜡，其成形件经过简单的处理后，即可达到精铸蜡模的要求。

（3）覆膜类

1）陶瓷覆膜材料。陶瓷覆膜材料是在陶瓷粉末中加入黏结剂而制成的。其覆膜粉末制备工艺与覆膜金属粉末类似，被包覆的陶瓷可以是 Al_2O_3、SiC 等。黏结剂的种类很多，有金属黏结剂和塑料黏结剂（包括树脂、聚乙烯蜡、有机玻璃等），也可以使用无机黏结剂。例如，Al_2O_3（熔点为 2 050℃）为结构材料，以 $NH_4H_2PO_4$（磷酸二氢铵，熔点为 190℃）和 Al 作为黏结剂，按一定比例混合均匀后进行烧结，经二次烧结处理工艺后可获得铸造用陶瓷型壳，用该陶瓷型壳进行浇注即可获得金属零件。

2）覆膜砂。覆膜砂采用热固性树脂加入锆砂、石英砂的方法制得，利用激光烧结方法制得的原型可直接用作铸造用砂型及型芯来制造金属零件。与石英砂相比，锆砂具有更好的铸造性能，尤其适用于具有复杂形状的镁、铝等有色金属合金铸造。例如，美国 DTM 公司的覆膜锆砂，其冷壳抗拉强度达 3.3 MPa，广泛用于汽车制造业及航空工业等砂型铸造模

型及型芯的制作。

2. SLS 材料的发展方向

SLS 材料的发展方向主要有以下几个方面:

（1）在现有使用材料的基础上加强材料结构和属性之间的关系研究，根据材料的性质进一步优化工艺参数，提升打印速度，降低孔隙度和氧含量，改善表面质量。

（2）研发新材料，使其适用于 3D 打印，如开发耐腐蚀、耐高温和综合力学性能优良的新材料。

（3）修订并完善 3D 打印粉末材料的技术标准体系，实现金属粉末材料打印技术标准的制度化。

 练习题

1. 简述选择性激光烧结技术的基本原理。
2. 选择性激光烧结技术有哪些优点?
3. 常用的选择性激光烧结技术打印材料有哪些?

§ 2-4　其他常见打印技术

一、三维打印成形技术

三维打印成形（Three-Dimensional Printing，3DP）技术是 1993 年由美国麻省理工学院提出的，其原理是将金属和陶瓷的粉末通过黏结剂粘在一起并成形，当时被称为三维印刷。1995 年，美国麻省理工学院的毕业生 Jim Bredt（吉姆·布莱特）和 Tim Anderson（蒂姆·安德森）修改了喷墨打印机的方案（把黏合剂挤压到粉末床，而不是把墨水挤压在纸张上），随后提出了现在的三维粉末黏结技术并成立了 Z Corporation 公司。2000 年，美国 Z Corporation 公司与日本 Riken Institute 公司共同研制出了基于喷墨打印技术的彩色原型件三维打印机。2012 年 1 月，Z Corporation 公司被美国 3D Systems 公司收购。

1. 3DP 的原理

3DP 工艺与 SLS 工艺类似，都是采用粉末材料成形，如陶瓷粉末、金属粉末等。有所不同的是，3DP 工艺中的粉末材料不是通过烧结连接起来的，而是通过喷头用黏结剂

（如硅胶）将零件的截面"印刷"在粉末材料上。用黏结剂黏结的零件强度较低，还需要进行后处理，具体工艺过程如下：上一层黏结完毕后，成形活塞下降一段距离（等于层厚：0.013～0.1 mm），供粉活塞上升一定高度，推出若干粉材，粉材被辊筒推到成形缸，铺平并压实（辊筒铺粉时多余的粉末被集粉装置收集）。喷头在计算机控制下，根据下一截面的成形数据有选择地喷射黏结剂，用于建造层面。如此周而复始地送粉、铺粉和喷射黏结剂，最终完成一个三维实体的黏结，如图 2-4-1 所示。未被喷射黏结剂的地方为干粉，干粉在成形过程中起支撑作用，且成形结束后，比较容易去除。

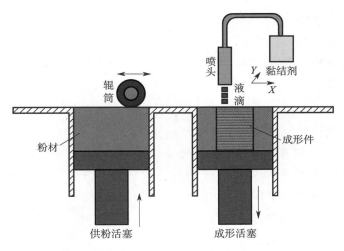

图 2-4-1　3DP 的原理

2. 3DP 的特点

（1）优点

1）无须激光器等高成本元器件，成本较低，且易操作和维护。

2）加工速度快，可以 25 mm/h 的垂直构建速度打印模型。

3）可打印彩色原型。这是这项技术的最大优点，用 3DP 技术打印彩色原型后，无须后期上色。目前 3D 体验馆中的 3D 打印人像基本都采用此项技术。

4）没有支撑结构。与 SLS 一样，粉末可以支撑悬空部分，而且打印完成后，粉末可以回收利用，环保且节省开支。

（2）缺点

1）成形件强度较低，不能制作功能件，且打印成品易碎。

2）表面手感略显粗糙。

3. 3DP 的应用场合

（1）用于打印全彩色外观样件、装配原型。

（2）某些条件下可生产毛坯零件，并借助后期加工得到工业产品，如经过黏结金属粉末、后期烧结及渗入金属液等过程得到可使用的零件。

（3）用于铸造模型、砂型、型芯的直接打印。

二、薄材叠层制造成形技术

薄材叠层制造成形（Laminated Object Manufacturing，LOM）技术，又称为薄型材料选择性切割技术，是快速制造领域最具代表性的技术之一。1984 年，美国人 Michael Feygin（米歇尔·法伊杰）提出了分层实体制造方法，并于 1985 年组建了 Helisys 公司。基于 LOM 成形原理，Helisys 公司于 1990 年开发出了世界上第一台商用 LOM 设备 LOM-1050。除 Helisys 公司外，日本的 Kira 公司、瑞典的 Sparx 公司、新加坡的 Kinergy 公司以及国内的清华大学、华中科技大学、西安交通大学等也一直从事 LOM 工艺的研究与设备的制造。

1. LOM 的原理

LOM 工艺采用薄片材料（简称片材），如纸、塑料薄膜等。片材表面事先涂覆上一层热熔胶，加工时，用热压辊热压片材，使之与下面已成形的部分黏结。用激光切割器在刚黏结的新层上切割出零件截面的内外轮廓。激光切割完成后，工作台带动已成形的工件下降，与带状片材分离。供料机构转动收料轴和供料轴，使新层移到加工区域。工作台上升到加工平面，用热压辊热压片材，工件的层数增加一层，高度增加一个料厚。再在新层上切割出零件截面的内外轮廓。如此反复直至零件的所有截面黏结、切割完成，最终得到分层制造的实体零件，如图 2-4-2 所示。

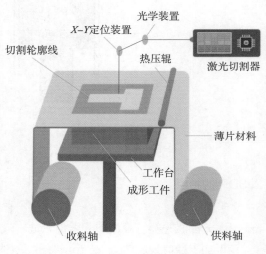

图 2-4-2　LOM 的原理

2. LOM 的特点

（1）优点

1）成形速度快。由于只需要用激光切割器沿着物体的轮廓进行切割，而不用扫描整个断面，所以成形速度很快，因此，它常用于加工内部结构简单的大型零件。

2）不需要设计和构建支撑结构。

3）原型精度高，翘曲和变形小。

4）原型能承受高达 200℃的温度，有较高的硬度和较好的力学性能。

5）原型件可以切削加工。

（2）缺点

1）激光切割器使用寿命短，后期更换激光切割器的费用高，并且需要建造专门的实验室。

2）可以应用的原材料种类较少。尽管可选用若干种原材料，但目前常用的还是纸类居多，其他还在研发中。

3）打印出来的模型必须立即进行防潮处理。纸制零件很容易吸湿变形，所以成形后必须用树脂、防潮漆涂覆。

4）很难构建形状精细、多曲面的零件，仅限于构建结构简单的零件。

5）LOM 材料一般由薄片材料和热熔胶两部分组成，制作时加工室温度很高，容易引发火灾，需要专人看守。

3. LOM 的应用场合

由于分层实体制造在制作中多使用纸材，其成本低，且制造出来的木质原型具有外在的美感和一些特殊的品质，所以该技术在产品概念设计可视化、造型设计评估、装配检验、砂型铸造木模、快速制造母模等方面得到了广泛应用。

三、选择性激光熔化技术

选择性激光熔化（Selective Laser Melting，SLM）技术由德国 Froounholfer 研究院于 1995 年首次提出，其工作原理与 SLS 相似。

1. SLM 的原理

打印机控制激光在铺撒好的粉末上方选择性地对粉末进行照射，将粉末加热到完全熔化后成形。然后将工作台降低一个单位的高度，铺撒新的一层粉末在已成形的当前层之上，设备调入新一层截面的数据进行激光熔化，并与前一层截面黏结，此过程逐层循环直至整个物体成形，如图 2-4-3 所示。SLM 的整个加工过程需要在惰性气体（如氮气）保护的加工室中进行，以避免金属在高温下氧化。

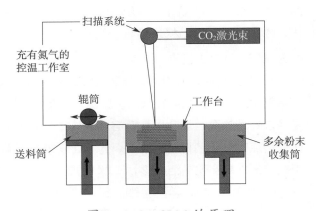

图 2-4-3　SLM 的原理

2. SLM 的特点

（1）优点

1）SLM 成形的金属零件致密度高，可达 90% 以上。

2）抗拉强度等力学性能指标优于铸件，甚至可达到锻件水平。显微维氏硬度可高于锻件。

3）由于粉末在打印过程中完全熔化，所以其尺寸精度较高。

4）与传统减材制造相比，可节约大量材料。

（2）缺点

1）为了提高加工精度，需要用极薄的加工层厚，成形速度较慢；加工小体积零件所用时间也较长，所以难以用于大规模制造。

2）设备稳定性、可重复性还有待提高。

3）表面粗糙度有待提高。

4）整套设备昂贵，熔化金属粉末需要比 SLS 更大功率的激光，能耗较高。

5）工艺较复杂，需要加支撑结构，多用于工业级的增材制造。

6）在金属瞬间熔化与凝固的过程中，温度梯度很大，会产生极大的内应力，严重时会引起工件变形。

3. SLM 的应用场合

SLM 技术的应用范围比较广，主要用于制造机械领域的工具及模具、生物医疗领域的生物植入零件和替代零件、电子电器领域的散热元器件、航空航天领域的超轻结构件和梯度功能复合材料零件。近年来，SLM 技术得到了飞速的发展，在设备的开发、材料与工艺研究等方面都有了较高的突破，并且在许多领域得到了应用。例如，用 SLM 技术制造的航空超轻钛结构件具有较大的表面积和体积比，零件的质量可以减轻 90% 左右；用 SLM 技术制造的具有随形冷却流道的刀具和模具，其具有较好的冷却效果，从而缩短了冷却时间，提高了生产效率和产品质量；用 SLM 技术制造的生物构件，其形状复杂，密度可以任意变化，体积孔隙度可以达到 75%～95%。

4. SLM 与 SLS 的区别

SLS 技术所使用的材料除了主体的粉末外，通常还需要添加一定比例的黏结剂粉末，黏结剂粉末一般为熔点较低的金属粉末或有机树脂等。以 SLS 金属打印为例，所用的粉末是经过处理的高熔点金属与低熔点金属或高分子材料的混合粉末，在加工过程中激光仅熔化低熔点的黏结剂材料，高熔点的金属粉末是不熔化的，成形过程主要利用被熔化的低熔点黏结剂材料实现黏结成形。SLM 在加工过程中用激光使金属粉末完全熔化，不需要黏结剂，成形的精度和力学性能都比 SLS 要好，但是 SLM 需要将金属从 20℃ 的常温加热到上千摄氏度的熔点，这个过程需要消耗巨大的能量。简单来说，SLS 与 SLM 的主要区别在于 SLS 在制造过程中，金属粉末并未完全熔化，而 SLM 在制造过程中，金属粉末加热到完全熔化后成形。

 练习题

1. 简述三维打印成形技术的基本原理。

2. 三维打印成形技术有哪些优点？

3.简述薄材叠层制造成形技术的基本原理。

4.薄材叠层制造成形技术有哪些优点?

5.简述选择性激光熔化技术的基本原理。

6.选择性激光熔化技术有哪些优点?

§2-5　3D 打印技术的比较

一、3D 打印技术的工艺比较

目前,比较成熟的 3D 打印技术有十几种,不同打印工艺有不同的特点,这里就常用 3D 打印技术从加工材料、工艺特点方面进行比较,具体见表 2-5-1。

▼ 表 2-5-1　不同 3D 打印技术的材料工艺比较

加工方式	加工材料	工艺特点
FDM	热塑性塑料、可食用材料	优点:材料利用率高,价格便宜,能耗低,可打印食材,适合家用 缺点:表面粗糙,成形速度慢
SLA	光敏树脂	优点:技术成熟,应用广泛,成形速度快,精度高,能耗低 缺点:工艺复杂,材料种类有限,原材料价格高,对工作环境要求高
SLS	热塑性塑料、金属粉末、陶瓷粉末、覆膜砂、蜡	优点:材料利用率高,打印材料种类多,无异味 缺点:能耗高,表面粗糙,力学性能不足,需要后置处理
3DP	陶瓷粉末、金属粉末	优点:成本低,操作简单,加工速度快 缺点:成形件强度低,表面粗糙
LOM	纸、塑料薄膜	优点:成形速度快,成品无内应力,精度高,可以切削加工 缺点:能耗高,打印材料种类少,防潮性差,加工时需专人看守
SLM	金属粉末	优点:成形密度高,成形强度大,尺寸精度高,材料利用率高 缺点:成形速度慢,表面粗糙,工艺较复杂,成形件内应力大

二、3D 打印技术的经济性比较

评价 3D 打印技术的经济性指标主要有材料价格、材料利用率、运行成本、生产效率和设备价格等。在实际应用中,由于不同技术的发展成熟度不同,不同加工工艺之间的价格相差较大,同一工艺的工业设备和普通设备的价格相差也较大,需要用户根据实际情况进行选择，具体见表 2-5-2。

▼ 表 2-5-2　不同 3D 打印技术的经济性比较

加工方式	材料价格	材料利用率	运行成本	生产效率	设备价格
FDM	较便宜	接近 100%	较低	较低	便宜
SLA	较贵	接近 100%	高	高	较贵
SLS	较贵	接近 100%	较高	一般	贵
3DP	较便宜	接近 100%	较低	高	一般
LOM	较便宜	较差	较低	高	较便宜
SLM	较贵	接近 100%	较高	低	贵

三、3D 打印技术的加工精度比较

3D 打印技术的加工精度一直是行业关注的焦点，也是 3D 打印的关键问题，3D 打印工件的最终成形精度，包括尺寸精度、产品表面质量、材料强度、材料耐温性和成形尺寸等。在实际应用中由于不同技术之间的精度差异较大，同一工艺的工业设备和普通设备的精度差异也较大，需要用户根据实际情况进行选择，具体见表 2-5-3。

▼ 表 2-5-3　不同 3D 打印技术的加工精度比较

设备工艺	尺寸精度	产品表面质量	材料强度	材料耐温性	成形尺寸
FDM	±0.15 mm	一般	较好	一般	较大
SLA	±0.10 mm	高	较好	一般	一般
SLS	±0.05 mm	较高	较好	很好	较大
3DP	±0.05 mm	一般	差	一般	一般
LOM	±0.015 mm	一般	较好	较好	较大
SLM	±0.025 mm	一般	好	较好	一般

练习题

1. SLA 的加工材料有＿＿＿＿＿＿等。

2. 3DP 的加工材料有＿＿＿＿＿＿、＿＿＿＿＿＿等。

3. SLS 的加工材料有＿＿＿＿＿＿、＿＿＿＿＿＿、＿＿＿＿＿＿、＿＿＿＿＿＿、蜡等。

4. 简述 LOM 的特点及适用场合。

5. 简述 SLM 的特点及适用场合。

3D 打印的工作流程

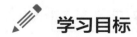 **学习目标**

1. 熟悉 3D 打印模型数据的获取方式。
2. 掌握 3D 打印模型数据的处理方法。
3. 掌握 3D 打印机的基本操作，熟悉其分类、组成、维护与保养方法。
4. 能进行 3D 打印后处理。

§ 3-1　数据获取

3D 打印技术虽然包含各种不同的成形工艺，但其成形思想和基本流程是相同的。3D 打印分为模型的数据获取、数据处理、打印和后处理四个步骤，如图 3-1-1 所示。

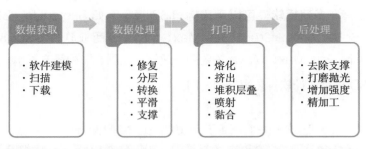

图 3-1-1　3D 打印的步骤

数据获取中的软件建模分为正向设计建模和逆向设计建模两类，如图 3-1-2 所示。

3D 模型建造完成后，先将三维模型保存为 STL 文件，再将模型切割成逐层的平面（即切片），进而控制打印机逐层打印。

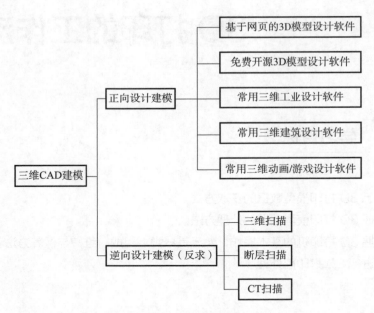

图 3-1-2 模型数据的获取方式

一、正向设计

正向设计（Forward Engineering）又称为顺向设计。传统的正向设计是一个从无到有的设计过程，即设计人员首先在大脑中构思出产品的外形、功能和预期技术参数等，然后绘制出产品的三维数据模型，最终根据这个三维数据模型制造出合格的产品。本书一般是指正向设计三维数据模型。

正向设计的一般流程为：根据设计要求进行构思（确定产品的外形、功能和预期技术参数）→三维模型绘制→生产加工与制造。

目前市场上有许多建模软件可以用来构建 3D 模型，如 SketchUp、Blender 等开源 3D 建模软件，SolidWorks、Creo、3ds Max、Maya 等商业软件（SolidWorks、Creo 主要用于工业设计，3ds Max、Maya 主要用于建筑、动画、影视等方面）。

1. 基于网页的 3D 模型设计软件（表 3-1-1）

▼ 表 3-1-1 基于网页的 3D 模型设计软件

软件名称	图标	简介
TinkerCAD	 **TINKERCAD**	TinkerCAD 有非常详细的用户 3D 建模使用教程，设计界面色彩鲜艳，操作容易，并能利用软件在线互动工具创建 STL 文件，还可以在网上分享模型，适合少年儿童使用

2. 免费开源 3D 模型设计软件（表 3-1-2）

▼ 表 3-1-2　免费开源 3D 模型设计软件

软件名称	图标	简介
Blender		Blender 是最受欢迎的免费开源 3D 模型设计软件，具有跨平台、支持几乎所有主要操作系统等特点，其功能非常强大，使用方便
OpenSCAD		OpenSCAD 是一款基于命令行的 3D 建模软件，主要用于制作实心的 3D 模型，它支持 Linux 和 Windows 等的跨平台操作
FreeCAD		FreeCAD 是法国 Matra Datavision 公司开发的一款功能化、参数化的建模软件。FreeCAD 的直接用户目标是机械工程产品设计，当然也适合工程行业内的其他用户
Wings 3D		Wings 3D 适合创建曲面模型。Wings 3D 的名称来源于其用于存储坐标系和临近数据所使用的翼边数据结构，它支持 Linux 和 Windows 等的跨平台操作
MakeHuman		MakeHuman 是一款专门针对人物制作、人体建模的 3D 软件，其界面简单、性能稳定。这款软件的亮点是可以塑造身体和面部细节，保持肌肉运动的逼真度
K-3D		K-3D 是一款免费的三维建模、动画和渲染工具。它可以创建和编辑 3D 几何图形，无限次撤销、还原与重做，有很强大的扩展性，还能通过第三方的插件增强功能
Sculptris		Sculptris 是一款免费 3D 雕刻软件，该软件提供笔刷和雕刻工具，提供折痕、旋转、缩放和抚平等多种效果，可以像玩橡皮泥一样，通过拉、捏、推、扭等对模型进行操作
123D		123D 是 Autodesk 公司推出的一款基于 Windows 的免费 3D 模型设计软件。用户只需要按要求拍摄几张实物的照片，就能自动生成 3D 模型。它是一种基于图像的二维转化三维的 3D 建模软件

3. 常用三维工业设计软件（表 3-1-3）

▼ 表 3-1-3 常用三维工业设计软件

软件名称	图标	简介
UG		UG 是德国 Siemens 公司出品的一款强大的交互式 CAD/CAM 软件。UG 将优越的参数化和变量化技术与传统的实体、线框和表面功能结合在一起，是一款集二维、三维绘图，数控加工编程，曲面造型等功能于一体的软件。UG 最早应用于麦道飞机公司
I-deas		I-deas 是美国 SDRC 公司开发的一款 CAD/CAM 软件。I-deas 能在单一数字模型中完成从产品设计、仿真分析、测试到数控加工的产品研发全过程，是全球制造业用户广泛采用的大型 CAD/CAM 软件之一，波音、索尼、三星、现代、福特等许多著名公司均是 SDRC 公司的客户和合作伙伴
Creo		Creo 是美国 PTC 公司于 2010 年 10 月推出的 CAD 设计软件，是 Pro/E 的升级版。Creo 软件界面简洁，符合工程人员的设计思想与习惯，在国内有很大的用户群
SolidWorks		SolidWorks 是美国达索集团推出的一款机械设计软件，其全参数化特征造型技术可以十分方便地实现复杂三维零件的实体造型、装配和生成工程图。软件界面友好，用户上手快，被广泛应用于以规则几何形体为主的机械产品设计及生产准备工作中
Cimatron		Cimatron 是一款 CAD/CAM/PDM 软件，由以色列 Cimatron 公司出品。该软件的针对性较强，在模具开发设计中应用较多，如在我国南方的一些模具制造企业中被广泛应用，但该软件的价格相对较高
SolidEdge		SolidEdge 是德国 Siemens 公司旗下的一款功能强大、易学易用的三维 CAD 软件。该软件的零件设计、钣金设计、装配设计、焊接设计、复杂曲面设计、生产出图等功能都比较强大，被广泛应用于机械、电子、航空、汽车、模具、造船等行业

续表

软件名称	图标	简介
CAXA	**CAXA** 软件服务制造业	CAXA 是北京数码大方科技股份有限公司开发的一款 CAD 制图软件，适用于二维和三维图纸的制作，支持 dwg 格式图纸转换，除了拥有基本的图形绘制和编辑功能外，软件还提供智能化尺寸标注。该软件是国内应用最为广泛的软件之一

4. 常用三维建筑设计软件（表 3-1-4）

▼ 表 3-1-4　常用三维建筑设计软件

软件名称	图标	简介
AutoCAD Civil 3D		AutoCAD Civil 3D 是美国 AutoDesk 公司开发的一款面向土木工程设计的软件。该软件能利用三维动态工程模型快速完成道路工程、场地、雨水／污水排放系统的规划与设计，是一款被业界普遍认可的三维建筑设计软件
PKPM		PKPM 是中国建筑科学研究院建筑工程软件研究所开发的一款建筑行业应用软件。该软件包括建筑模型 CAD 设计、建筑节能设计、施工技术和施工项目管理以及项目信息化管理等一系列软件，具有应用简单、智能化等优点，被国内广泛应用
SketchUp	**SketchUp**	SketchUp 是美国 Last Software 公司开发的一款直接面向创作过程的设计工具。该软件界面简洁，易学易用，设计师可以直接在软件上进行十分直观的构思，被广泛应用于建筑规划、园林景观、室内以及工业设计等领域

5. 常用三维动画／游戏设计软件（表 3-1-5）

▼ 表 3-1-5　常用三维动画／游戏设计软件

软件名称	图标	特点
3ds Max	Autodesk 3ds Max	3D Studio Max 简称 3ds Max，是 Discreet 公司开发的（后被美国 Autodesk 合并）一款三维动画渲染和制作软件。该软件功能强大，被广泛应用于广告、影视、建筑设计、三维动画、多媒体制作、游戏、辅助教学以及工程可视化等领域

续表

软件名称	图标	特点
Maya	AUTODESK MAYA 2015	Maya 是美国 Autodesk 公司出品的著名三维建模和动画软件，其应用领域极其广泛，如《星球大战》《指环王》《精灵鼠小弟》等都应用了 Maya。由于 Maya 功能强大，体系完善，因此，在国内三维动画制作领域被广泛应用
Rhino	Rhinoceros® NURBS modeling for Windows	Rhino 中文名为"犀牛"，是由美国 Robert McNeel 公司推出的一款三维建模软件。该软件具有对硬件要求低、安装空间小、建模功能和渲染功能强大等优点。它在工业设计领域应用广泛，尤其擅长产品外观造型建模，其简单的操作方法、可视化的界面深受设计师的欢迎

以上分类并不是绝对的，软件列举也不全面，仅作为学习参考。目前各种 3D 建模软件的功能都很强大，应用的行业和领域也都很广泛，例如，3ds Max 和 Rhino 都能进行动画设计和建筑设计。无论是以上哪种软件，只要将建造的实体模型导出并保存为 STL 格式的文件，基本都能在 3D 打印机上进行相应的打印操作。

二、逆向设计

逆向设计（Reverse Engineering）又称为逆向工程或反求，是相对于正向设计而言的。具体来说，逆向设计是指在已经有了物理原型的情况下，以全数字化方式执行原型模型的仿制工作。正向设计和逆向设计的区别是，正向设计是根据产品的用途和功能，先有构想，再通过计算机辅助设计软件制成图样，通过加工制造而最后成形定产；逆向设计是根据现有的产品，通过激光扫描或点采集等手段获取实物的三维数据模型，再把获取的三维数据模型通过计算机专业设计软件设计成图样并用于生产制造的过程。逆向设计不是简单的复制和模仿，而是运用相关手段对产品进行分析和再设计等创新处理，从而使产品表现出更加优良的性能，缩短新产品的开发周期，提高开发效率。

逆向设计流程为：数据采集与处理→三维模型重构→基于原型的再设计→生产加工与制造，其设计流程如图 3-1-3 所示。

1. 常用扫描技术

（1）三维扫描

三维扫描是逆向构建三维数据模型的常用技术，三维扫描技术（3D Scanner）是集光、机、电和计算机技术于一体的全自动高精度立体扫描技术。三维扫描的用途是三维重建，即创建物体几何表面的点云，这些点可用来拟合成物体的表面形状，越密集的点云创建的模型越精确（这个过程称为三维重建）。用三维扫描设备得到的被测物三维点云在经过 CAD/

CAM 软件处理后，可用于三维检测或直接输入到数控机床和 3D 成形设备上进行制造。目前，三维扫描因其测量速度快、精度高、使用方便等优点被广泛应用，如图 3-1-4 所示。

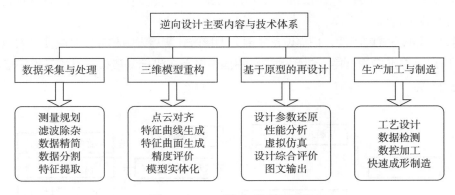

图 3-1-3　逆向设计流程

图 3-1-4　三维扫描

1）三维扫描设备的分类

①按照测量方式的不同，扫描设备可分为点测量设备、线测量设备和面测量设备三类。

A. 点测量设备。点测量设备主要有三坐标测量仪、点激光测量仪和关节臂扫描仪。点测量通过每一次的测量点反映物体表面特征，测量精度高，但速度慢，一般适合于物体表面几何公差的检测。

B. 线测量设备。线测量设备主要有三维台式激光扫描仪和三维手持式激光扫描仪。线测量是通过一段（一般为几厘米）有效的激光线照射物体表面，再通过传感器得到物体表面的数据信息。用线测量设备扫描中小件的精度可以达到 0.01 μm，且扫描速度较高，广泛应用于高精度工业设计领域。

C. 面测量设备。面测量设备主要有拍照式三维扫描仪和三维摄影测量系统。面测量主要是通过向被测物体投射一组（一面）光栅，光栅由于物体表面形状不同而发生变形，检测摄像头会从侧面采集光栅变形信息，再通过传感器将物体的变形信息转换为物体表面的立体数据来完成测量。用面测量设备扫描中小件的精度可以达到 0.02 μm，扫描速度快，是目前应用最为广泛的扫描仪器。

②按照接触方式的不同，扫描设备主要分为接触式测量设备和非接触式测量设备，如图 3-1-5 所示。在逆向设计中，常用的三维扫描设备有三坐标测量仪、激光三维扫描仪和光栅三维扫描仪。

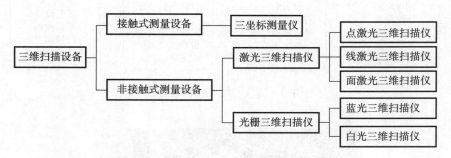

图 3-1-5　三维扫描设备的分类

2）三维扫描设备的基本原理。三维扫描设备不同，其原理也不相同，下面以最常见的三坐标测量仪、激光三维扫描仪和光栅三维扫描仪介绍三维扫描仪的工作原理。

①三坐标测量仪。三坐标测量仪配置有一个能沿 X、Y、Z 三个垂直方向运动的高精度测头。测量时测头与零件表面接触，将测得的信息转化为数字信号送入计算机，通过相应的软件实现对物体表面形状的三维测量。三坐标测量仪具有较高的准确性和可靠性，但其测量费用高，测量尺寸小，探头易磨损，测量速度慢，主要用于机械、汽车、航空、军工、家具、模具等行业的接触式精确测量，如图 3-1-6 所示。

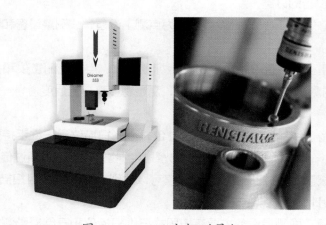

图 3-1-6　三坐标测量仪

②激光三维扫描仪。激光三维扫描仪的主要构造是一台测量精度高的高速激光测距仪，通过激光测距大量记录被测物体表面密集点的三维坐标，然后快速复建出被测物的三维模型，如图 3-1-7 所示。目前，激光三维扫描仪广泛应用于文物古迹保护、土木工程、室内设计、法律证据收集、工业设计、军事分析等领域。

图 3-1-7　激光三维扫描仪

③光栅三维扫描仪。光栅三维扫描仪也称为照相式扫描仪，其原理是采用可见光将特定的光栅条纹投射到被测物表面，借助两个高分辨率的 CCD 数字照相机对光栅条纹进行拍照，利用光学拍照定位技术和光栅测量原理，可在极短时间内获得复杂被测物表面的完整点云，再由计算机完成不同视角点云的自动拼合，最终获得完整的三维实体点云数据。光栅三维扫描仪精度高，效率高，是目前应用较为广泛的三维扫描设备，如图 3-1-8 所示。光栅三维扫描仪可理解为照相机，不同的是照相机所抓取的是颜色信息，而三维扫描仪测量的是距离。

图 3-1-8　光栅三维扫描仪

3）三维扫描设备的工作过程。三维扫描设备的工作过程大致可以分为准备原型 / 模型、喷粉和标定、扫描、点云数据处理、二次开发和输出几个步骤，如图 3-1-9 所示。

三维扫描设备的工作过程以具体扫描操作为界，分为三维扫描前的准备阶段和三维扫描后的数据处理阶段。在三维扫描前的准备阶段，首先要制订详细的工作计划和做一些准备工作，主要包括根据要扫描的原型 / 模型的结构和精度要求设计合理的扫描路线，确定合适的采样密度，确定扫描仪到被扫描原型 / 模型的距离，根据扫描仪和扫描原型 / 模型的特点进行必要的喷粉和标定等。

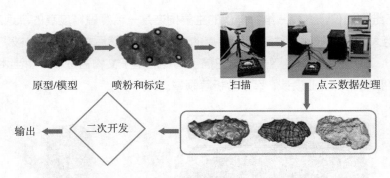

原型/模型　　喷粉和标定　　　　扫描　　　　　　点云数据处理

输出　←　二次开发　←

图 3-1-9　三维扫描设备的工作过程

在扫描结束后的数据处理阶段，首先需要对采集到的数据进行分析，初步判断扫描的点云数据是否符合随后要进行的点云数据处理的质量要求。如果扫描的点云数据合格，将对其进行后续的去噪、滤波、分类、分割、网格化、面片化和数据的二次开发等处理，最终形成所需的三维数据并输出应用，完成整个扫描过程。

近几年，三维扫描技术不断发展并日渐成熟，在工程测绘、大型构建或结构测量、文物数字化保护、医学、自然灾害调查、数字化城市、三维人像制作、虚拟现实、工业逆向制作等领域有着广泛的应用。以工业逆向并快速制造成形实物为例（图 3-1-10），利用三维扫描技术对模型进行快速、准确的扫描并获得模型的三维扫描数据，然后通过软件对三维扫描数据进行逆向重构和二次设计，得到完整的三维数据模型，最后利用数控加工等加工方式快速获得高精度原型复制件，这样就完成了从样品→数据→产品的"从实物到实物"的完美转化。

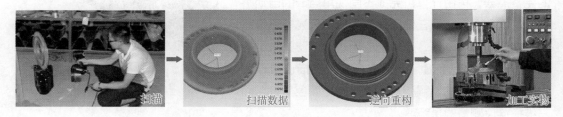

扫描　　　　　　扫描数据　　　　　逆向重构　　　　　加工实物

图 3-1-10　逆向并快速制造成形实物

（2）断层扫描

断层扫描采用逐层切削与逐层光扫描相结合的方法，能采集物体表面和内部结构的几何信息。断层扫描的过程是先将待测零件放置在一容器内，注入一种特殊的黏结材料（如专门配置的环氧树脂）构成测试块。测试块的作用是填充零件中的空隙，以便在后续切削加工时各层轮廓有良好的支撑，避免弯曲或断裂；为后续光学扫描工序提高对比度，以便得到更清晰的轮廓信息。然后将上述测试块固定在断层扫描仪上，铣刀自上而下对测试块进行逐层切削（每层的厚度为 0.025 mm）。每切削一层，用扫描仪上的光学系统对测试块的上表面扫描一次，从而逐步采集待测零件每层的轮廓信息。最后用软件将各层的轮廓信息拼合成零件的整体三维模型。这种模型能为典型的 CAD 系统所兼容，进而反求出所需要的 STL 数据模型，如图 3-1-11 所示。

零件　　　　　　　　　　　　　　　　　　　　　　　　　STL数据模型

断层扫描的图像及数据处理

图 3-1-11　断层扫描的过程

断层扫描属于破坏性扫描，但因其成本和费用较低，同时具有能准确扫描被测物体内部结构的优势，在工业产品的逆向设计中广泛应用。图 3-1-12 所示为美国 CGI 公司生产的 RE1000 断层扫描仪，其测量精度为 ±0.025 mm，测量范围为 300 mm×260 mm×200 mm。

（3）CT 扫描

CT（Computed Tomography）扫描成像技术是一种无损地再现物体内、外部复杂结构及其材质形态的数字层析技术。目前比较先进的一种 CT 扫描是螺旋式 CT 扫描，其原理如图 3-1-13 所示。扫描仪对实体（如人体）扫描时，实体在一个门架中连续向

图 3-1-12　RE1000 断层扫描仪

前缓缓移动（速度为 1~10 mm/s），装于门架上的检测系统围绕实体连续转动，检测系统每转动 360° 实体向前移动一个切片层厚（1~2 mm），并获得一系列断面图像切片和数据，这些切片和数据提供了实体截面轮廓及其内部结构的完整信息。由 CT 扫描所得物理对象的数据构造 CAD 表面模型的主要步骤如图 3-1-14 所示。

CT 扫描仪分为医疗 CT 扫描仪和工业 CT（ICT）扫描仪两种，工业 CT 扫描仪是医学 CT 扫描仪向工业领域的拓展和延伸。CT 扫描仪可以对各种复杂结构的大、中、小型成形件实施逆向建模，目前被广泛应用于医疗诊断、假体设计、工业检测等领域。

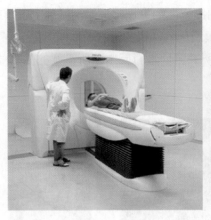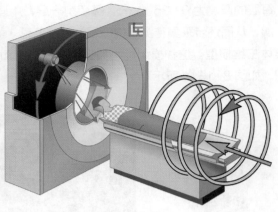

图 3-1-13　CT 扫描原理

图 3-1-14　由 CT 扫描所得物理对象的数据构造 CAD 表面模型的主要步骤

2. 逆向设计常用软件

逆向设计测得的数据多是离散数据（点云数据），点云数据不能直接用于打印，需要通过 CAD/CAM 或其他软件进行三维模型重构，然后保存为 STL 模型。常用的逆向设计软件见表 3-1-6。

▼ 表 3-1-6　常用的逆向设计软件

软件名称	图标	特点
3-matic	MATIC	3-matic 是美国 Materialize 公司出品的一款逆向工程软件，可直接由 STL 格式进行后续 RP/CAE/CAD/CAM 处理。3-matic 软件用单一的三角面片元素表示模型的功能，使得逆向处理更便捷，自动化程度更高，是逆向设计的常用软件
CATIA	DS CATIA	CATIA 是法国 Dassault 公司的产品。该软件具有很强的曲面造型功能和有限元分析功能，是一款功能强大的逆向数据处理软件。波音 737、777 的开发用的就是 CATIA

续表

软件名称	图标	特点
Imageware		Imageware 由美国 EDS 公司出品，后来被德国 Siemens 公司收购，是一款著名的逆向数据处理软件。该软件功能强大，对硬件要求不高，易学易用，被广泛应用于航空航天、汽车制造、消费家电、模具设计等领域
PolyWorks		PolyWorks 由加拿大 InnovMetric 软件公司出品，主要定位为 3D 扫描的数据处理。该软件提供了高级的三角化建模方法，并能处理其他软件不能处理的大点云数据，主要应用于汽车、航空和消费品制造领域。目前，在逆向制造领域，该软件拥有世界上最大的客户群
Geomagic		Geomagic 是美国 Geomagic 公司出品的一款逆向设计软件。该软件主要包括 Studio、Qualify 和 Piano 三部分，主要完成数据逆向、CAD/CAM 之间的转化以及 CAD 模型的误差分析和比较等，主要应用于汽车、航空、医疗设备和消费产品等领域
RapidForm		RapidForm 是韩国 INUS 公司出品的一款逆向设计软件。该软件可实时将点云数据运算出无接缝多边形曲面，是 3D 扫描后处理较好的软件之一
CopyCAD		CopyCAD 是由英国 DELCAM 公司出品的功能强大的逆向工程软件。该软件能同时进行正向和逆向混合设计，为正向 / 逆向设计提供了高速、高效的解决方案
Mimics		Mimics 是 Materialise 公司出品的一款医学影像控制软件。该软件是一套高度整合且易用的医学 3D 图像编辑处理软件，它能输入和处理各种 CT 扫描的数据，并能在计算机上进行数据的转换处理，是目前医学领域中通过点云数据建立 3D 模型应用最广泛的软件之一

三、将模型转换为 STL 格式

测量数据处理在 3D 打印技术中占有极为重要的地位。在正向设计过程中，一般的计算机辅助三维设计软件都有将三维模型拟合并输出 STL 格式文件的能力，并且输出的转换过程少，精度高，一般可以直接使用；在逆向设计过程中，测量系统可能得到高达上百兆的复杂曲面上大量密集的原始测量数据，这些数据之间通常没有相应的拓扑关系，只是一批空间散乱点（数据点云），其中还包括大量无用数据，因此，首先必须对数据进行滤波、拟合、重建和消隐处理，然后通过适当的算法，才能把这些数据拟合成 STL 模型。

扩展阅读

三维扫描仪的使用注意事项

三维扫描仪是一种极其精密的仪器，其价格昂贵，对使用环境和操作者要求苛刻，在使用过程中一定要注意以下几点：

1. 系统电源为标准三相 220 V 电压，插座应可靠接地。

2. 使用温度为 5~40℃，禁止在极度高温或低温环境下使用该设备。

3. 防止猛烈撞击扫描头，以防摔落。

4. 不要在有腐蚀性气体的环境下使用该设备。

5. 不要在多尘的环境下使用该设备。

6. 不要用手触摸投影镜头。

7. 不要用眼睛直视投影镜头的光线。

8. 启动投影仪后预热 3~5 min 再开始使用。

9. 扫描时保持测量头稳定，防止振动。

10. 扫描完成后关闭投影仪和相机，禁止长时间开启。

练习题

1. 一般 3D 打印模型的数据获取可分为＿＿＿＿＿＿＿＿和＿＿＿＿＿＿＿＿两种方式。

2. 正向 3D 模型设计软件有哪些？（至少列举 4 种）

3. 逆向设计又称为＿＿＿＿＿＿或＿＿＿＿＿＿。

4. 三维扫描技术的应用领域有哪些？

5. 常用的逆向设计软件有哪些？（至少列举 4 种）

§3-2　数据处理

目前，3D 打印设备能够接受 STL、SLC、LEAF 等多种数据格式，其中应用最广泛的是 STL 格式，这种文件格式是和早期的 3D 打印成形工艺相匹配的较为简单的格式。随着 3D 打印技术的发展，STL 格式已经成为 3D 打印技术的标准数据格式。

一、数据处理的意义

不论是用正向设计软件绘制的三维数据模型，还是逆向设计中用三维扫描设备对原型进行三维扫描得到的三维数据模型，在 3D 打印前都需要对其进行相应处理和转化。据统计，在数据模型的处理和转化过程中，有将近 70% 的文件存在各种不同的错误。如果不处理这些错误，很可能会导致打印失败。因此，需要先对数据模型进行处理，将其处理成标准的 3D 打印数据格式，然后再进行打印。

二、3D 打印标准数据的定义

1. STL 文件的定义

STL 格式是 3D 打印增材制造设备使用的通用接口格式，是 3D 打印机发明者 Charles Hull 在 1988 年制定的一个接口协议，是一种为 3D 打印 / 增材制造技术服务的三维图形文件格式。图 3-2-1 所示为 STL 格式文件。

STL 格式的模型是将复杂的三维模型用一系列三维三角面片来近似表达，当三角面片小到一定程度时，STL 格式的模型可以近似达到工程允许的精度。STL 文件是一种空间封闭、有界、表达物体模型的数据格式，具有点、

图 3-2-1　STL 格式文件

线、面的几何信息，可以直接输入 3D 打印设备用于 3D 打印。但 STL 文件在转化过程中极易产生缺陷，有缺陷的 STL 文件不能正确描述模型的表面，也就不能顺利完成 3D 打印，这样的文件不符合 3D 打印 STL 文件标准。

2. 3D 打印的 STL 文件标准

（1）STL 模型必须封闭

在 3D 打印中，STL 模型必须为封闭的或者说是"不漏水的"（Watertight），也就是说模型必须是有边界、有轮廓并且完全封闭的。图 3-2-2 所示为不封闭的 STL 模型。

（2）STL 模型必须有厚度

实际应用中的模型不存在零厚度，但通常 STL 面片本身是没有厚度的，在打印前一定要给面片模型增加厚度。图 3-2-3 所示为一个简单的零厚度曲面，这种曲面在 3D 打印机上无法打印成形。

（3）STL 模型必须为流形（Manifold）

简单来说，如果一个 STL 网格数据中存在两个以上面共享一条边，那么它就是非流形的，如图 3-2-4a 所示，非流形在打印用 STL 模型中是不被允许的。如果所有相邻的两个

三角面片之间共享一条边（有且仅有两个面共享一条边），那么它就是流形的，如图 3-2-4b 所示，此时打印机能正常打印。

图 3-2-2　不封闭的 STL 模型　　　图 3-2-3　零厚度的 STL 模型

 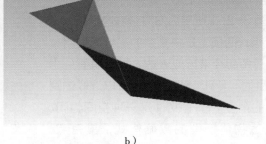

a）　　　　　　　　　　　　　　b）

图 3-2-4　物体模型

a）非流形　b）流形

（4）STL 模型必须有正确的法线方向

STL 模型中所有的面法线都需要指向一个正确的方向，简单来说就是三角形的顶点顺序与三角面片的法向量应满足右手定则（图 3-2-5）。若不满足右手定则，则会使打印机无法判断是模型的内部还是外部，导致打印失败。法线方向不正确的原因主要是在生成 STL 文件时计算顶点顺序错误导致法向量混乱造成的，这种错误在打印前必须加以修复。为了判断法向量是否正确，可将怀疑有错的三角面片与相邻三角面片的法向量进行比较，如图 3-2-6 所示。

（5）STL 模型不能出现违反共顶点规则的三角形

图 3-2-7a 中的顶点 2 落在相邻三角形的边上，违反了共顶点规则，应删除边 a，或者连接顶点 1 和 2（即增补边 b），如图 3-2-7b 所示，否则不能顺利进行切片处理。

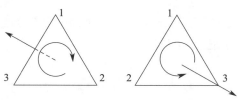

图 3-2-5 满足右手定则的顶点
顺序与法线方向

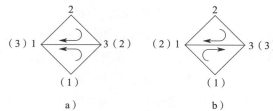

图 3-2-6 法向量比较
a) 错误 b) 正确

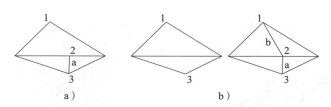

图 3-2-7 共顶点规则示例
a) 错误 b) 正确

（6）STL 模型必须删除多余辅助结构

在建模时需要构建一些参考点、线、面来辅助造型，这些点、线、面在建模完成后要及时删除，否则在输出 STL 文件时会出现错误。图 3-2-8 中的两条黑色直线是绘图时构建的辅助线，在输出 STL 模型前应及时删除。

（7）STL 模型不能出现重合面片

重合面片是指空间中的三个点被同时构建了两个三角面片，即两个面片叠加在一起。为防止打印错误，需要删除重合面片，如图 3-2-9 所示（红色是一个面片，黄色是一个面片，两个面片重合到一起，在显示上会出现图例所示的现象）。

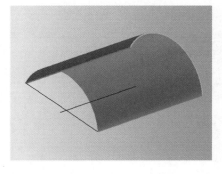

图 3-2-8 多余的构造线

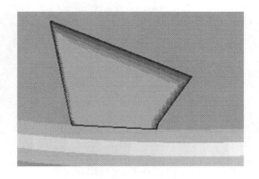

图 3-2-9 重合面片

（8）STL 模型不能出现交叉结构

在某些情况下，表面如果没有被修剪好，会出现过长或交叉的现象，这种情况也不符合 3D 打印 STL 数据格式的标准，需要对其进行修整，如图 3-2-10 所示。

（9）STL 模型必须进行布尔运算

在绘制如图 3-2-11 所示实体图时，由于两个正方体是单独的，也就是看着是一个实体，而实际上软件默认是两个实体，这时候如果转化成 STL 数据进行打印，很容易造成打印失败。在处理这类实体图时要对两个实体进行布尔运算，将两个实体转化成一个实体，以确保打印成功。

图 3-2-10 修整交叉结构　　　　图 3-2-11 实体布尔运算

（10）STL 模型不能出现孔洞

这主要是由于三角面片的丢失引起的。当 CAD 模型的表面有较大曲率的曲面相交时，在曲面相交部分会出现丢失三角面片的情况，从而造成孔洞。图 3-2-12 所示的红色部位就是 STL 模型的孔洞，要想保证打印成功，需要在打印前对孔洞进行修复。

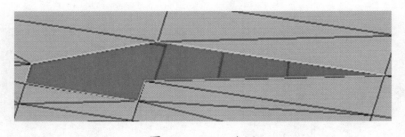

图 3-2-12 孔洞

（11）STL 模型不能存在缝隙

缝隙其实是一种特殊的孔洞，缝隙通常是由于顶点不重合引起的，如图 3-2-13 所示的红色线条显示部分。缝隙和孔洞都可以看作是由于三角面片缺失所产生的。对缝隙的修复方法通常是移动点将其合并在一起。

（12）STL 模型不能存在错误边界

在 STL 格式中，每一个三角面片与周围的三角面片都应该保持良好的连接。如果某个连接处出了问题，这个边界称为错误边界，一组错误边界构成错误轮廓，如图 3-2-14 所示的黄色线框表示部分。面片法向错误、缝隙、孔洞、重合都会引发错误的边界，对不同位置的错误边界需要根据模型实际情况确定坏边原因，并找到合适的修复方法。

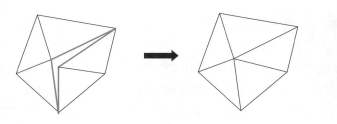

图 3-2-13　缝隙

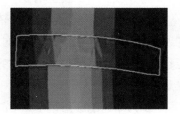

图 3-2-14　错误边界

（13）STL 模型必须避免多壳体

壳体的定义是一组相互正确连接的三角面片的有限集合。一个正确的 STL 模型通常只有一个壳体。存在多个壳体通常是由于零件块造型时没有进行布尔运算，导致结构与结构之间存在分割面引起的。STL 文件可能存在由非常少的面片组成、表面积和体积为零的干扰壳体，这些壳体没有几何意义，可以直接删除。

在实际操作过程中，用肉眼检查出模型是否存在这样的问题是很困难的，一般需要借助一些软件进行 STL 文件的检查和修复，如 Magics、Germagic 等。

3. STL 模型的其他处理

STL 模型的数据处理除了要满足 3D 打印 STL 文件标准外，还要对数据进行以下处理：

（1）预留容差度

对于需要组合的模型，需要特别注意预留容差度。要找到正确的容差度可能会有些困难，一般的解决方法是在需要紧密接合的结构间预留 0.2 mm 的间隙，较宽松的结构间预留 0.4 mm 的间隙。但这并不是绝对的，还需要深入了解 3D 打印机的性能、不断地进行实测实验以及长时间的经验积累。

（2）设定模型的最大尺寸

打印模型最大尺寸是根据 3D 打印机可打印的最大尺寸而定的。当模型超过 3D 打印机的最大打印尺寸时，模型就不能完整地被打印出来。对于超出 3D 打印机最大打印尺寸的工件，一般通过重新分割模型来实现，即将一个整体的数据模型分割成几个小的数据模型分别打印后再进行拼接。

（3）检测模型的最小壁厚

模型的最小壁厚在考虑模型精度和强度的同时与 3D 打印机的喷嘴直径是成比例的。打印模型时一定要考虑模型的最小壁厚，否则打印极易失败。例如，普通精度 FDM 打印机的喷嘴直径一般为 0.4 mm，在保证成形精度和强度的前提下，模型的最小壁厚至少应大于 0.8 mm（0.4 mm 的 2 倍）。

（4）设定打印底座形状

3D 打印模型底座的底面最好是平坦的，这样既能增加模型的稳定性，又不需要增加支撑。

（5）设定 STL 模型精度

在 CAD 模型向 STL 格式转换时，若转换精度选择不当，会出现三角面片过多或过少的现象。当转换精度选择过高时，产生的三角面片数量过多，所占用的文件空间会过大，可能超出 3D 打印设备所能接受的范围而不能打印。当转换精度选择过低时，产生的三角面片数量过少，可能造成模型的形状、尺寸不能满足要求，也可能会遗漏模型上的微小特征。

3D 打印时的成形精度从 3D 打印机本身而言，可以将 X、Y、Z 三个方向的运动位置精度控制在微米级，得到精度相当高的工件。然而影响工件最终精度的因素除 3D 打印机本身的精度外，还有 CAD 模型的前期处理造成的误差。在计算机数据处理能力足够的前提下，进行 STL 格式化时应选择更小、更多的三角面片，使之更逼近原始三维模型的表面，这样可以降低 STL 格式本身对模型误差的影响。

三、数据处理的主要流程

3D 打印数据处理的主要流程分为正向获取数据的处理流程和逆向获取数据的处理流程。正向获取数据的处理流程比较简单，因为基本上所有三维实体设计软件建造的模型都能很方便地转化为 STL 数据模型，并且精度较高、数据错误较少，能很方便地进行数据编辑与修复、支撑添加、分层和打印。逆向获取数据的处理流程比较复杂，因为三维扫描软件所获取的都是模型表面的数据点云信息，数据量大，噪点、漏洞等缺陷较多，不能直接用于 3D 打印，需要进行逆向数据处理（图 3-2-15 中虚线框内的内容）并输出为 STL 文件后，再进行数据编辑与修复、支撑添加、分层和打印。数据处理的主要流程如图 3-2-15 所示。

四、数据处理

数据处理包含 STL 数据编辑与修复、支撑添加、分层三个方面。

1. STL 数据编辑与修复

（1）STL 数据编辑与修复的意义

STL 文件的编辑与修复主要用来显示模型中存在的一些如孔洞、缝隙、错误边界、坏边、多壳体等错误信息，并有针对性地进行分析和修复，以保证 STL 数据符合打印机的打印标准。图 3-2-16 所示为一个从网上下载的"哆啦 A 梦"STL 模型文件，经软件检测显示，该 STL 模型文件存在如图 3-2-17 所示的错误，这种文件如果不加编辑与修复而直接输入打印机进行打印，很可能造成打印失败。

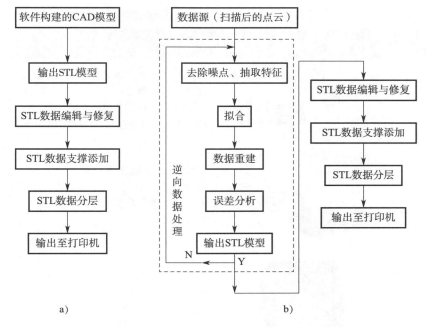

图 3-2-15　数据处理的主要流程

a）正向获取数据的处理流程　b）逆向获取数据的处理流程

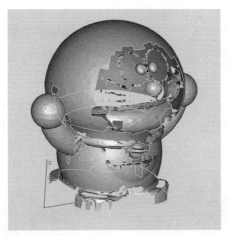

图 3-2-16　存在错误的 STL 文件　图 3-2-17　STL 文件错误种类与数量

（2）常用的编辑与修复软件

目前，常用的针对 STL 文件进行编辑与修复的软件有很多，具体见表 3-2-1，可以根据自身设备和操作习惯有针对性地选择和使用。

软件名称	图标	特点
Netfabb	netfabb®	Netfabb 是美国 Autodesk 公司推出的一款功能强大且实用性较强的 3D 模型修复软件，具有观察、编辑、修复、分析三维 STL 文件和切片的功能，可以快速处理 STL 文件数据并用于 3D 打印
Magics	Magics²⁰ Enabling the next generation	Magics 是由比利时 Materialise 公司开发的一款专业 STL 处理软件，该软件提供了人性化的界面和灵活的作业流程等，在模型修复、摆放、切片等方面都有广泛的应用
SolidView	SOLID	SolidView 是美国 Solid Concepts 公司于 1994 年推出的一款软件，该软件能兼容 AutoCAD、SolidEdge、SolidWorks 等软件并能处理 STL、VRML、OBJ、DXF 等文件格式
MeshLab		MeshLab 是一款用于处理和编辑 3D 三角形网格的开源设计软件，具有编辑、清理、修复、检查、渲染和转换 STL 文件的功能，同时也提供了处理由 3D 数字化工具或设备生成的原始数据和准备 3D 打印模型的功能

2. STL 数据支撑添加

在 3D 打印过程中并不是所有物体都能成功打印，一些复杂模型要想成形是离不开支撑的，支撑的形式如图 3-2-18 所示。

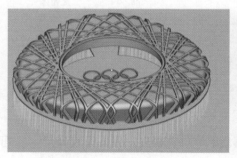 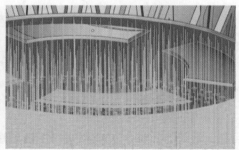

图 3-2-18　支撑的形式

（1）添加支撑的意义

由于地球引力的束缚，物体如果重力过大，而支撑面又太小，就无法保持自身的平衡，这时候就需要增加支撑点来抵消重力。如古代的建筑，由于建筑本身的主体过大，需要顶梁柱来支撑庞大的建筑主体，从而抵消受到的重力影响（图 3-2-19）。在打印模型中添加支撑结构也是从这一点进行考虑的。

图 3-2-19　古代建筑的支撑

3D 打印技术的原理要求模型的上层结构要有下层部分的支撑，所以被打印模型的某些部位如果是悬空的，打印时就需要设计支撑结构。通俗来讲，是否添加支撑取决于模型有无悬空部分。有的模型看上去很简单，但如果中间有大部分面积处于悬空状态，也一样需要添加支撑。图 3-2-20 所示为需要添加支撑的模型。所有模型在打印前都应先判断其是否需要添加支撑。

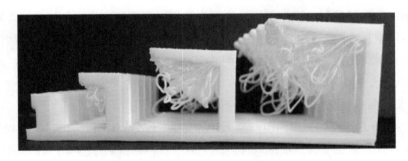

图 3-2-20　需要添加支撑的模型

（2）添加支撑的基本原则

1）45°法则。在 3D 打印过程中，任何与水平面夹角小于 45°的凸出部分都需要额外添加支撑，如图 3-2-21 所示。虽然在打印时材料经过熔化会有一定的黏附性，但材料也有可能在没有完全固化之前因本身的重力而坠落，从而导致打印失败。

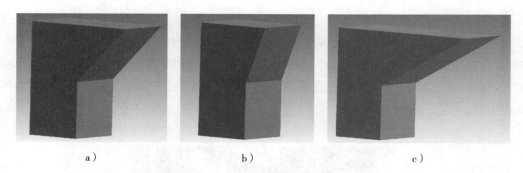

a)　　　　　　　　　　　　b)　　　　　　　　　　　　c)

图 3-2-21　添加支撑情况判定

a) 临界模型　b) 不需要添加支撑的模型　c) 必须添加支撑的模型

2）尽量不使用支撑。虽然添加支撑的技术随着时间的推移一直在进步，但是支撑材料去除后仍会在模型上留下不光滑的印记，而去除支撑的过程也非常耗时，因此，在设计模型时应尽量采用锥形或缓慢过渡等建模技巧来减少模型出现大角度变化的情况，以避免添加支撑。如果模型必须使用支撑，支撑的数量也是越少越好。

3）尽量自行设计打印底座。为了增加模型与打印机托盘的接触面积，保证打印过程中模型的稳固，有时在打印前需要在模型底部增加底座。底座有两种，一种是处理模型时软件自带的模型底座，另一种是自行设计的圆盘状或圆锥状的模型底座。自行设计的底座被形象地称为"老鼠耳朵"。在打印时尽量把底座设计到模型中，而不使用软件内自带的支撑底座模型，因为软件内自带的打印底座一般难以去除，且去除时容易损坏模型的底部，同时会增加打印时间。

4）了解打印机的极限。以 FDM 打印机为例，线宽为 FDM 打印机的参数之一，其是由打印机喷嘴的直径来决定的（大部分的打印机喷嘴直径为 0.4 mm）。受打印原理的限制，FDM 打印机能够加工的最小模型尺寸一般不小于线宽的两倍。此外，在打印前要首先了解模型中有无结构特别小且打印机无法打印的细节。例如，使用一个喷嘴直径为 0.4 mm 的打印机，理论上能够加工的最小模型尺寸为 0.8 mm，但如果模型上有尺寸为 0.3 mm 的细节，则打印机无法完成打印。

（3）添加支撑的类型

根据模型本身的特点，一般为模型选择完全支撑、部分支撑和不加支撑三种类型。

1）完全支撑。完全支撑一般由软件自动完成，软件系统会根据 45° 临界值自动计算出模型所需要添加支撑的部位并自动为模型加入支撑。如图 3-2-22 中的模型底部是一个面积非常大的圆弧悬空，这时应考虑添加完全支撑（绿色部分为软件自动添加的支撑）。

2）部分支撑。部分支撑是指在模型的某个点或某些部位添加支撑，一般手动完成。部分支撑在实际打印过程中使用较多，特别是模型的某些角度接近 45° 或必须保证某些重点部位成形质量的时候，需要在这些部位添加部分支撑，如图 3-2-23 所示。部分支撑实际上是对完全支撑的补充。部分支撑对操作者的要求较高，需要操作者准确判断模型哪个位置需要添加支撑，哪个位置不需要添加支撑，这需要长期的经验积累。

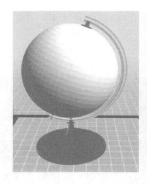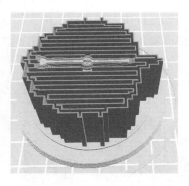

图 3-2-22　模型完全添加支撑

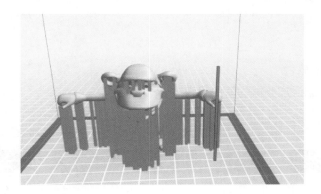

图 3-2-23　模型部分添加支撑

3）不加支撑。不加支撑适合于"下大上小"的模型，即整体呈现圆柱、圆锥、方形或其他规则形状，这些模型所具有的普遍特点就是底座大，上面越来越小，在堆叠的过程中，不会因某个微小部位的悬空而发生坠落，如图 3-2-24 所示。

图 3-2-24　规则形状不添加支撑

有的模型本身相对复杂，甚至有嵌套结构，但其上下宽度相同，或是下大上小，没有悬空的部分，因而也就不用添加支撑，如图 3-2-25 所示。

在打印过程中，模型摆放角度和摆放方法不同，添加支撑的要求也不一样，图 3-2-26 所示的交通锥正向放置则不必添加支撑。

图 3-2-25　特殊结构模型
不添加支撑

图 3-2-26　调整摆放后
无须添加支撑

（4）添加支撑的软件

常用的 STL 数据添加支撑的软件见表 3-2-2。

▼ 表 3-2-2　常用的 STL 数据添加支撑的软件

名称	图标	简介
Meshmixer	AUTODESK® MESHMIXER®	Meshmixer 是美国 Autodesk 公司旗下的一款免费 3D 数据模型 STL 处理工具。该软件可以完美导入、编辑、修改和绘制 3D 模型，还能对 STL 文件进行编辑和支撑添加。另外，新版本还增加了对 3D 打印机的驱动支持
Carbon	Carbon	Carbon 是美国 Digital Light Synthesis（DLS）旗下的 3D 制造公司推出的一套新的软件工具。该软件拥有强大的云计算和有限元分析能力，能优化支撑材料并最大限度地减少后期处理。Carbon 可以对每个零件在打印之前进行设计、控制和优化，从而实现快速打印和便于后期处理

3. STL 数据分层

（1）分层的意义

仅仅是有一台 3D 打印机、一个合格的 STL 模型文件和对模型添加了必要的支撑仍然是无法完成打印工作的。除了具备上述条件外，还需要在计算机上安装相应的 3D 打印切片软件对 3D 模型进行切片，并转换成 3D 打印机可以识别的 Gcode 格式文件发送到打印机才能进行打印。切片的过程就是将模型数据按照实际要求进行分层，然后 3D 打印机按照每层的数据逐层堆积打印即可成形。

打印机的原理是层层堆积形成实体，每一层的路径是在计算机中生成的。首先必须要知道每一层的形状，这个形状一般是一些多边形线条，如图 3-2-27 所示，而这些线条并不足以构成打印路径。对于一个物体来说，如果只是打印表面，那么该模型的外壳可以分为水平外壳（顶部和底部）和

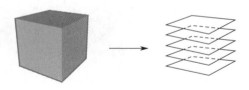

图 3-2-27　由模型得到轮廓线

垂直外壳（环侧面）。垂直外壳需要一定厚度，即所谓的壁厚，壁厚可以用增加打印圈数的方法解决。为了使模型具有一定的强度，需要在模型壳包围的内部打印一些填充物。简单来说，分层就是软件自动将三维模型完成层厚、壁厚、填充等参数的设置后，再逐层堆积起来构建一个实体，如图 3-2-28 所示。

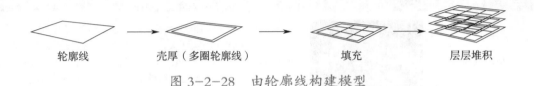

轮廓线　　　　壳厚（多圈轮廓线）　　　　填充　　　　层层堆积

图 3-2-28　由轮廓线构建模型

（2）分层的原则

1）以求最佳方向分层打印。对于 FDM 打印机来说，唯一能够控制的是 Z 轴方向的精度，X 和 Y 轴方向的精度已经被线宽和其自身的定位精度限制了，如果要打印的模型有一些精细的设计，应尽量将模型精度要求高的方向放在 Z 轴方向分层。同时，如果有必要还可以将模型切成几个部分来分别分层打印，再重新组装。

2）根据模型受力方向分层。尽量使分层方向垂直于应力施加方向。FDM 的成形原理决定了层与层之间的强度低于其他方向的强度，因此，尽量使模型的受力方向在 Z 轴方向，防止模型沿 X 和 Y 轴方向裂开。

3）垂直分辨率。分层厚度对于垂直方向的影响主要体现在平滑度上，当层厚为 0.1 mm 时，零件侧面会显现出纹理；当层厚为 0.2 mm 时，纹理会更明显。如果条件允许，分层厚度越小越好，如图 3-2-29 所示。

（3）分层的软件

好的切片软件是 3D 打印的核心。不同品牌的 3D 打印机通常对应不同的软件，目前使用比较广泛且操作便捷的切片软件有 Cura、MakerWare 等。切片软件的好坏会直接影响打印物品的质量。因此，在正式开始打印之前，一定要准备好打印机所能识别的切片软件，对之前建立的 3D 打印模型进行切片处理。

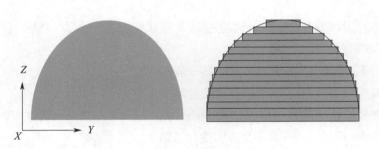

图 3-2-29　分层对平滑度的影响

1）常用的分层软件。STL 数据分层的软件既有通用的开源软件，又有各打印机生产企业独立开发的针对自身产品的软件。常用的分层软件见表 3-2-3。

▼ 表 3-2-3　常用的分层软件

名称	图标	简介
Simplify3D	SIMPLIFY3D	Simplify3D 是德国 RepRap 公司推出的多功能 3D 切片软件。该软件功能强大，使用简单，参数设置详细，几乎支持市面上所有的 3D 打印机和不同类型文件的导入，同时该软件还能缩放和修复模型、创建 G 代码、验证刀具路径和管理 3D 打印过程等
MakerWare	MakerWare	MakerWare 是 MakerBot 打印机的切片软件。该软件也适用于闪铸等用 MakerBot 主板的机型，其操作简单，功能完善，非常适合初学者使用
Cura	Cura Powered by Ultimaker	Cura 是一款由荷兰 Ultimaker 公司开发的开源切片软件。该软件具有切片速度快、切片稳定、对 3D 模型结构包容性强、设置参数少、更新速度快等优点，在 3D 打印爱好者中很受欢迎。Cura 中文版是 3D 打印切片软件中翻译最准确、功能最完善的一款软件
Magics	Materialise Magics 21.0	Magics 为处理平面数据的简单易用性和高效性确立了标准。它提供先进的、高度自动化的 STL 操作，在 Magics 强大的互动帮助工具的引导下，能够在几分钟内改正具有瑕疵三角面片的 STL 文件
RepetierHost	Repetier	RepetierHost 是一款免费的 3D 打印综合软件。该软件具有切片、查看与修改 Gcode、手动控制 3D 打印机、更改某些固件参数以及其他的一些小功能

续表

名称	图标	简介
FlashPrint-wndx		FlashPrint-wndx 是一款强大、实用的 3D 打印机控制软件。该软件可以快速修复模型，具有图片转 3D 模型的功能。此外，该软件还具有切片稳定、对 3D 模型结构包容性强、设置参数少等特点

　　值得说明的是，书中只是列举了一些常见的 3D 打印数据处理软件，在实际应用中还有许多 3D 打印数据处理软件，这些软件中的绝大多数都同时具有 STL 数据编辑与修复、支撑添加和分层功能，其功能不是单一的，需要操作者在实践中根据设备类型、需要打印的数据模型的特点和操作习惯有针对性地选择和使用。

　　2）Cura 分层软件的简单参数设置。Cura 分层软件有很多汉化版本，目前主要针对 FDM 打印使用，是 FDM 打印中应用最为广泛的分层软件之一。下面以 Cura 分层软件为例，介绍最简单的 STL 模型分层参数设置。

　　Cura 分层软件的主界面由菜单栏、参数设置区域、工具栏、视图区和视图查看模式五部分组成。菜单栏主要显示软件的工具信息；参数设置区域主要为用户提供切片需要的各种参数选择，软件根据这些参数生成打印文件；工具栏主要用来加载 STL 文件和保存分层后的打印文件等；视图区主要用来查看、摆放、管理、预览切片路径和查看切片结果等；视图查看模式主要用来查看模型的悬空部位和分层结果等，如图 3-2-30 所示。

图 3-2-30　Cura 主界面

　　Cura 软件在完成针对特定 3D 打印机的打印机名称、打印空间尺寸、喷嘴直径等参数的初始设定后，一般只需要更改基本参数设置即可完成针对不同要求的 FDM 打印。Cura

软件的基本参数设置如图 3-2-31 所示，具体含义及经验值选择见表 3-2-4。将 STL 模型载入 Cura 软件后，只需要根据模型要求设定打印的基本参数，即可实时完成模型的切片工作。

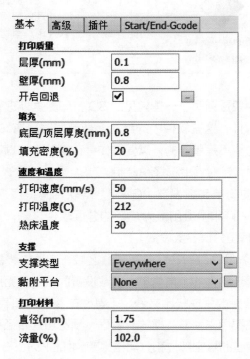

图 3-2-31　Cura 基本参数设置

▼ 表 3-2-4　Cura 软件的基本参数设置

名称	说明
层厚	层厚是指切片每一层的厚度。层厚越小，模型打印得越精细，打印时间越长。一般层厚有 0.1 mm、0.2 mm 和 0.3 mm 三种
壁厚	壁厚是指模型表面厚度。壁厚越厚，模型越坚固，打印时间也越长。一般壁厚是喷嘴直径的整数倍，即若喷嘴直径为 0.4 mm，壁厚一般为 0.4 mm、0.8 mm 或 1.2 mm，需注意壁厚一般不能小于喷嘴直径
开启回退	当在非打印区域移动喷嘴时，适当地回退打印丝，能避免多余挤出和拉丝
底层 / 顶层厚度	底层 / 顶层厚度是指模型底部和上面几层实心打印的厚度，也就是模型底部的厚度和顶部的厚度，一般与模型的壁厚相同或比模型的壁厚稍厚一些
填充密度	Cura 对模型内部的每一层生成一些网格状的填充，其疏密程度就是由填充密度决定的，0 表示空心，100% 表示实心

续表

名称	说明
打印速度	打印速度是指打印头移动的速度。由于打印过程中打印机需要加速和减速，所以这个速度只是一个参考速度。打印速度越快，打印时间越短，但打印质量会降低。对于一般的打印机，40~80 mm/s 是比较合适的速度
打印温度	打印温度是指打印时喷嘴的温度。PLA 一般为 210℃，ABS 一般为 240℃。打印温度过高会使挤出的丝有气泡，而且会有拉丝现象；打印温度过低会导致加热不充分，从而堵塞喷嘴，实际打印温度应根据耗材特性进行适当调整
热床温度	热床温度是指加热床的温度。热床加热可防止打印过程中由于热胀冷缩使模型和托盘分离而造成打印失败。一般 PLA 不加热或加热到室温，ABS 加热到 60~70℃
支撑类型	支撑类型有三种：接触平台支撑（Touching build plateform），全部支撑（Everywhere），不加支撑（None）。是否需要添加支撑和采用哪种支撑类型需要用户根据模型决定
黏附平台	模型和打印平台之间的黏合有以下几种方法：直接黏合（None），适合底部面积比较大的模型；压边（Brim），是指在模型第一层周围围上几圈边沿，以增加模型与打印平台的接触面积，防止模型底面翘起；底垫（Raft），是在模型下面先打印几层垫子作为底座，然后再以垫子为平台打印模型，适用于底部面积较小或复杂的模型
直径	直径是指所使用的丝状耗材的直径，一般有 1.75 mm 和 3.0 mm 两种耗材
流量	流量是为了微调出丝量而设置的，实际的出丝长度会乘以这个百分比。如果这个百分比大于 100%，那么实际挤出的耗材长度会比 Gcode 文件中的多，反之则少

值得一提的是，Cura 软件在切片之前会自动对载入的 3D 模型做一些处理，如修复法线方向、缝隙和较小的漏洞等，因此，即使载入的模型存在一些细微缺陷，Cura 软件多数时候也可以生成比较满意的路径文件。但如果载入的模型具有 Cura 软件无法修复的严重缺陷，则会造成打印失败。因此，用户尽量在建模时将 3D 数据模型进行检测和修复，使 STL 模型符合 3D 打印的标准，以满足打印要求。

 应用案例

"天鹅" STL 模型的 Cura 软件分层

以"天鹅"STL 模型的 FDM 打印为例，在打印模型前首先要对模型进行工艺分析，在了解模型的特点、打印要求以及打印材料的性能后再进行参数设置和分层。"天鹅"模型打印主要用于展示，模型的大小一般为 50 mm 左右，模型强度不需要太高，同时天鹅模型的形状复杂，需要添加支撑，具体分层步骤如下：

1. 单击"凸"图标，载入"天鹅"STL 模型，如图 3-2-32 所示。

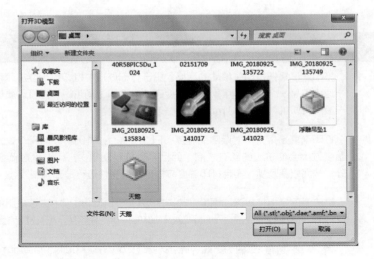

图 3-2-32　载入"天鹅"STL 模型

2. 单击"旋转""缩放"等按钮，对模型进行摆放和调整，如图 3-2-33 所示。

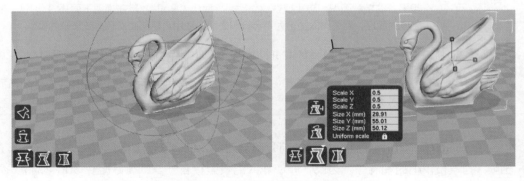

图 3-2-33　对模型进行摆放和调整

3. 设置相关参数，如图 3-2-34 所示。

为了提高模型的精度，层厚设置为 0.1 mm；摆放模型不需要太高的强度，壁厚和底层 / 顶层厚度均设置为 0.8 mm；填充密度设置为 40%；根据打印材料 PLA 的性能及打印机的特点，将打印机的打印速度设置为 55 mm/s，打印温度设置为 215℃，热床温度设置为 30℃或 0℃；模型存在悬空并且结构较复杂，将支撑类型设置为 Everywhere；为了增加模型底面的稳固性，将黏附平台设置为 Brim；设置材料直径为 1.75 mm、流量为 100% 并开启回退。

4. 参数设置完成后，Cura 软件会自动根据参数设置实时进行分层，如图 3-2-35 所示。根据分层参数预览结果判断分层是否符合要求，若分层结果合格，单击工具栏中的"⊡"图标，即可将分层结果保存到存储设备中用于 3D 打印机 FDM 打印。

图 3-2-34　参数设置

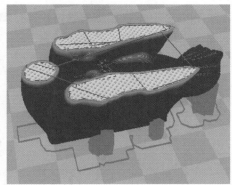

图 3-2-35　查看分层结果

 扩展阅读

走向标准化——欧盟发布 3D 打印标准数据

增材制造过程是根据计算机辅助设计数据，将材料自下而上逐层堆积的过程。增材制造技术已被证明在许多行业具有极大的应用价值，在其制造、测试方法、测量技术、数据格式和质量指标等方面，标准化都是非常有必要的。

在欧盟第七框架计划的资助下，名为"增材制造标准化支持行动（SASAM）"的项目发布了一份增材制造标准化路线图。该路线图阐述了标准化对于产业应用及现有增材制造技术标准发展的重要性，明确了标准化与优先关注标准之间的差距，最终有助于产业发展符合最佳实践。

增材制造技术是生产具有复杂几何形状的高质量零部件的高效和有效的方式。实际上，它能够生产出那些以往无法实现的零部件样式。同时，它还能够最大程度地减少生产过程中所需的工装和机械装置，减少相关的废料、电力消耗以及过多的安装。然而，一直以来，增材制造技术主要集中在原型的制造方面，就其本质而言，该技术不适合那些可以标准化的重复性工作。此外，即使是在较大批量的生产中，杂乱的工艺参数也会影响产品的质量。缺乏标准化会导致无法接受的变化率，特别是在航空航天和生物医学领域。

增材制造技术将支持创新，实现成本、资源的有效生产，以保持行业的高度竞争力。欧洲增材制造平台（European Platform for AM）起草了战略研究议程，其中强调了标准化的重要支柱作用，并且最终通过 SASAM 成功制订出路线图。

未来 3D 打印文件数据会进一步走向标准化。

 练习题

1. 简述 3D 打印数据处理的意义。
2. 简述 3D 打印的 STL 文件标准。
3. 3D 打印数据处理一般包含哪三个方面？
4. 常用的 STL 数据编辑与修复软件有哪些？（列举 2 种）
5. 简述 STL 数据添加支撑的原因。
6. 常用的 STL 数据分层软件有哪些？（列举 3 种）

§3-3　3D 打印操作

在所有 3D 打印设备中，FDM 打印机最典型，操作也最简单，基本上与普通打印机打印一份文件一样，单击计算机屏幕上的"开始"按钮，打印机就会源源不断地按照程序输出打印材料，在不断堆积中形成模型，因此，本节以 FDM 打印机为例介绍 3D 打印设备的打印操作。

一、FDM 工艺数据分析

在使用 FDM 技术进行打印之前，除了考虑打印机的几何精度、运动精度等基本参数外，还需要考虑相关工艺参数的控制，如材料性能、分层厚度、喷嘴直径、喷嘴温度、环境温度、挤出速度、填充速度、轮廓补偿值、延迟时间及成形时间等。

1. 材料性能

材料性能的变化直接影响成形过程及成形件精度。材料在工艺过程中要经过固体→熔体→固体的两次相变。在凝固过程中，由材料的收缩而产生的应力变形会影响成形件的精度。为了提高精度，最基本的方法是在设计时通过考虑收缩量进行尺寸补偿，也就是在零件打印时设置打印尺寸略大于 CAD 模型的尺寸，冷却时使零件尺寸能按预设的尺寸补偿收缩到 CAD 模型的尺寸。

2. 分层厚度

分层厚度是指三维数据模型切片时层与层之间的高度，也是 FDM 系统在堆积填充实体时每层的厚度。由于分层厚度的存在，会在实体表面产生一个个"台阶"。对 FDM 工艺而言，完全消除台阶现象是不可能的。一般来说，分层厚度越小，台阶越小，表面质量也越好，但所需的分层处理时间和成形时间会变长。

3. 喷嘴直径

喷嘴直径直接影响喷丝的粗细。一般喷丝越细，原型精度越高，但每层的加工路径会更密、更长，成形时间也就越长。工艺过程中为了保证上下两层能够牢固地黏结，一般分层厚度需要小于喷嘴直径，例如，喷嘴直径为 0.2 mm 时，分层厚度取 0.1 mm。

4. 喷嘴温度

喷嘴温度是指系统工作时将喷嘴加热到的温度。喷嘴温度决定了材料的黏结性能、堆积性能、丝材流量以及挤出丝宽度。若喷嘴温度过低，会使材料黏度增大，挤丝速度变慢，这不仅加重了挤压系统的负担，还可能会造成喷嘴堵塞，而且材料层间黏结强度降低容易引起层间剥离；若温度过高，材料偏向于液态，黏度变小，流动性增强，挤出速度过快，无法形成可精确控制的丝，制作时会出现前一层材料还未冷却成形，后一层就加于其上，从而造成前一层材料坍塌和破坏。因此，喷嘴温度应根据丝材的性质在一定范围内选择，以保证挤出的丝呈熔融流动状态。

5. 环境温度

环境温度是指系统工作时周围环境的温度。环境温度会影响成形零件的热应力大小。若环境温度过低，从喷嘴挤出的丝骤冷使成形件热应力增加，容易引起零件翘曲、变形或导致层间黏结不牢固，从而有开裂的倾向。为了顺利成形，一般环境温度最好保持在 20℃左右。

6. 挤出速度和填充速度

挤出速度是指喷嘴内熔融态的丝在送丝机构的作用下，从喷嘴挤出的速度。填充速度则是指喷嘴在运动机构的作用下，按轮廓路径和填充路径运动时的速度。在保证运动机构运行平稳的前提下，填充速度越快，效率越高。另外，为了保证连续、平稳地出丝，需要将挤出速度和填充速度进行合理匹配,使得打印丝从喷嘴挤出时的体积等于黏结时的体积。若填充速度比挤出速度快,则材料填充不足,会出现断丝现象,难以成形。相反,若填充速度比挤出速度慢,则熔丝堆积在喷嘴上,会造成成形面表面不光洁,影响原型质量。

7. 轮廓补偿值

在 FDM 成形过程中,由于喷丝具有一定的宽度,造成填充轮廓路径时的实际轮廓线超出理想轮廓线一些区域,因此,需要在生成轮廓路径时对理想轮廓线进行补偿,该补偿值称为理想轮廓线的补偿量,它应当是挤出丝宽度的一半。而工艺过程中挤出丝的形状、尺寸受喷嘴直径、分层厚度、挤出速度、填充速度、喷嘴温度、成形室温度、材料黏性系数及材料收缩率等诸多因素的影响,挤出丝的宽度并不是一个固定值,因此,理想轮廓线的补偿量需要根据实际情况进行设置,其补偿量设置正确与否,直接影响着原型制件的尺寸精度和几何精度。

8. 延迟时间

延迟时间包括出丝延迟时间和断丝延迟时间。当送丝机构开始送丝时,喷嘴不会立即出丝,而是有一定的滞后,通常把这段滞后的时间称为出丝延迟时间。同样地,当送丝机构停止送丝时,喷嘴也不会立即断丝,通常把这段滞后的时间称为断丝延迟时间。在工艺过程中,需要合理地设置延迟时间参数,否则会出现拉丝太细、黏结不牢,甚至断丝、缺丝的现象,或出现堆丝、积瘤等现象,严重影响原型的质量和精度。

9. 成形时间

每层的成形时间和填充速度与该层的面积大小及形状复杂程度有关。若层的面积小、形状简单,则该层成形的时间就短,反之则时间长。在加工一些截面很小的实体时,由于每层的成形时间太短,前一层还来不及固化成形,下一层就接着再堆,将引起坍塌和拉丝等。为避免出现这种情况,除了要采用较小的填充速度和增加成形时间外,还应在当前成形面上吹冷风强制冷却,以加速材料固化,保证成形件的几何稳定性。

二、3D 打印机的分类和组成

1. 3D 打印机的分类

（1）按照打印机的大小分类

工业级 3D 打印机一般比较大,可打印零件的尺寸也偏大,一般用于工业产品的制造。桌面级 3D 打印机一般比较小,可以像普通打印机一样直接放在桌面上打印。FDM 工艺桌面级 3D 打印机更多地应用于生活中,如打印一些小零件、小玩具、小模型等,如图 3-3-1 和图 3-3-2 所示。

（2）按照打印头数量分类

根据 FDM 打印机打印头的数量可以将 3D 打印机分为单头打印机、双头打印机和多头打印机,目前单头打印机比较多。

图 3-3-1　工业级 3D 打印机

图 3-3-2　桌面级 3D 打印机

（3）按照打印色彩分类

FDM 打印机可以分为单色打印机、双色打印机和彩色打印机等。

2. 3D 打印机的组成

（1）3D 打印机的坐标系

对于初学者来说，首先要了解 3D 打印机的三个坐标轴，如图 3-3-3 所示。其简单的记忆方法就是面对打印机，左右为 X 轴方向，前后为 Y 轴方向，上下为 Z 轴方向。

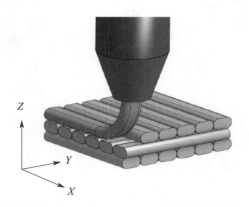
图 3-3-3　3D 打印机的坐标系

（2）3D 打印机的主要组成部分及其作用

图 3-3-4 所示为 FDM 工艺桌面级 3D 打印机。

1）打印头总成。打印头总成是 3D 打印机的一个重要组成部分，主要由喷嘴（图 3-3-5）、加热器（图 3-3-6）和供丝器（图 3-3-7）三部分构成，起加热溶解塑料丝及出丝的作用。喷嘴是打印机的主要部件，打印过程中打印丝会源源不断地从喷嘴中流出，喷嘴的精度决定着一台机器的打印精度。喷嘴的直径一般为 0.4 mm 和 0.8 mm。供丝器也称为挤出机，它通过电动机的正向转动将打印材料送入喷嘴，同时也可以通过电动机的反向转动将打

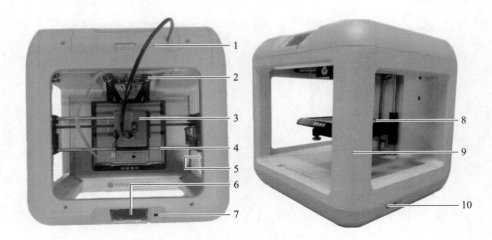

图 3-3-4　FDM 工艺桌面级 3D 打印机

1- 丝盘盒　2-Z 轴导轨　3- 打印头总成　4-X 轴导轨　5-Y 轴导轨　6- 控制面板

7- 电源开关　8- 打印平台　9- 打印机框架　10-USB 口

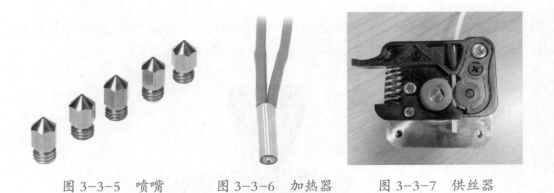

图 3-3-5　喷嘴　　　图 3-3-6　加热器　　　图 3-3-7　供丝器

印材料带离喷嘴，即退丝。供丝器内装有加热器，用于源源不断地将打印丝持续加热到工作温度。

2）打印机框架。3D 打印机的框架一般是 ABS 塑料或金属框架。框架的结构和材质对 3D 打印机的性能有很大的影响。通常 ABS 塑料框架结构比较稳固，但安装和调整比较麻烦。铝合金框架结构的刚性好，易于组装，但价格较昂贵。

3）打印平台。打印平台（图 3-3-8）起到支撑及承载打印物体的作用。从喷嘴出来的打印材料根据打印要求在该平台上成形。根据打印材料的不同，打印平台的温度也会有所不同。

4）控制面板和打印机控制主板。控制面板是 3D 打印机的人机交互部件，通过操作控制面板，可以进行相关的打印设置及操作，同时通过显示屏输出相对应的操作信息。控制主板是打印机的核心部件，相当于打印机的大脑，控制主板负责控制打印机 X、Y 和 Z 轴三个

方向的移动距离和速度，供丝器的供丝速度和温度，打印头的进丝、退丝，打印平台的温度
等打印机参数。3D 打印机的控制面板和控制主板如图 3-3-9 所示。

图 3-3-8　打印平台

图 3-3-9　3D 打印机的控制面板和控制主板

5）Z 轴丝杠电动机及 XY 轴电动机（图 3-3-10）。XY 轴是一个水平运动装置，采用
带传动方式。打印头安装在 X 轴和 Y 轴上，通过 X 轴和 Y 轴的水平运动实现打印头的前
后、左右运动。Z 轴是一个垂直运动装置，采用丝杆传动方式。打印平台安装在 Z 轴上，通
过 Z 轴的垂直运动实现打印平台的上下运动。3D 打印机就是通过打印头的水平运动及打印
平台的垂直运动实现物体的三维打印。

图 3-3-10　Z 轴丝杠电动机及 XY 轴电动机

6）USB 口。USB 口用于插 U 盘。3D 打印机一般支持在线打印及脱机打印两种打印
方式。当采用脱机打印方式时，通常需要将打印模型的 Gcode 代码保存在 U 盘中，然后将
U 盘插到 3D 打印机的 USB 口，再进行相关打印操作。注意，有的打印机为 SD 卡槽结构，
在卡槽中插入 SD 卡，进行相应操作即可。

三、3D 打印机的基本操作及其注意事项

1. 基本操作

（1）打印前的准备

在开始打印之前，除了准备能够打印的 3D 模型数据外，还需要准备如图 3-3-11 所示的物品。

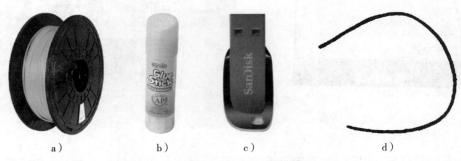

图 3-3-11　3D 打印前需要准备的物品
a）PLA 材料　b）固体胶　c）U 盘　d）导丝管

U 盘用来读取和保存切片文件。使用打印机之前，将固体胶均匀涂抹在打印平台的表面，可以有效防止打印过程中模型出现翘边。将适量润滑油涂抹在打印机的三个导轨上，以保证打印头顺滑移动，一般每隔半个月润滑一次。检查包裹在喷嘴外部的包装物，该包装物是耐火陶瓷纤维织物和耐高温胶带，能有效保证喷嘴温度恒定，提高出丝流畅性和一致性。导丝管一般与供丝器连接，用于保护打印丝顺畅地导入供丝器。需要注意的是，不使用的热熔丝不要长时间暴露在潮湿的空气中，最好放在一个密封的塑料袋中。如果有条件可再放一袋干燥剂在密封袋中。

（2）调平

调平就是调整打印头和打印平台之间的距离。打印头和打印平台之间的距离大约为"一张打印用 A4 纸"的厚度，如图 3-3-12 所示。将一张 A4 纸放在打印头和打印平台中间，开启打印机调平功能后拉动 A4 纸，使其在喷嘴和打印平台之间移动，当移动 A4 纸并感觉有一点阻力但又不至于损坏打印纸时一般认为距离合适。为防止一次调平有误差，一般调平两次较好。调平是打印的重要环节之一，打印头和打印平台之间的距离既不能太近，又不能太远。距离太近会使喷嘴和热床之间互相剐蹭，严重时会造成 3D 打印机的损坏；距离太远会使挤出头挤出的塑料丝无法黏着在热床上，影响打印效果。3D 打印机打印的第一层是整个打印过程的基础，糟糕的第一层打印会导致接下来的很多层质量下降，甚至导致整个 3D 打印模型的失败。因此，在打印机的使用过程中，需要不定期地对其进行调平，从而校准打印机，特别是在打印机经过运输之后一定要调平。

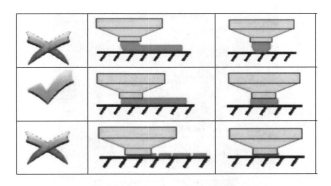

图 3-3-12　打印机调平

（3）送丝

选择好要使用的耗材后，按下控制软件上的"进丝"按键，设备开始加热，加热完成后，将线材垂直插入打印头的进料口，线材被送至加热头的喷嘴，直到从喷嘴中流出新的热熔丝，送丝完成，如图 3-3-13 所示。在送丝过程中要注意丝的温度控制。送丝机构会自动加热并使温度保持在丝的熔融温度后再将丝导入，在此过程中要耐心等待，不能生拉硬拽。

一卷丝使用完后或需要更换其他颜色的丝时需要进行退丝操作，退丝和进丝过程一样，都是先将温度加至打印丝熔融温度，然后用打印机的退料功能将打印材料快速退出。

图 3-3-13　送丝过程

（4）打印模型

模型数据处理好以后，将分好层的模型数据拷入 U 盘中，再将 U 盘插入机器侧面的 USB 口，在打印机上选择需要打印的文件并单击"打印"按钮开始打印，如图 3-3-14 所示。3D 打印机可以连续运转长达数小时，但在打印过程中要勤观察，时刻掌握打印机的噪声、温度变化情况以及齿形带的松紧程度、打印头是否堵丝和丝杠的工作情况等，以免打印失败。

图 3-3-14   选择打印文件开始打印

2. 操作注意事项

（1）一般 3D 打印机对静电都比较敏感，操作人员在操作和尝试任何校正前，应确保把身体上的静电释放掉。同时，操作人员在对 3D 打印机进行维修和调整时，应确保电源已经断开。

（2）不要在加热和使用过程中触碰挤出头。挤出头的温度为 190～260℃，维修前应先让其自然冷却。

（3）可动部件可能会造成卷入挤压和切割等伤害，操作打印机时要戴手套等。

（4）在工作温度下，设备可能会产生刺激性气味，在使用打印机时应保持环境的通风和开放。

（5）在 3D 打印机的运行过程中，务必有专人看管。

四、3D 打印机的日常维护与保养

在日常应用中，只有掌握了良好的 3D 打印机维护与保养方法，才能最大限度地延长其使用寿命。同时，良好的操作习惯和保养工作也能够让打印机更好地发挥其功能，打印出高精度的物体。

下面以 FDM 打印机为例，讲解 3D 打印机的日常维护与保养相关事项。

1. 调整传动带松紧度

一般来说，传动带既不能太松，又不能太紧。一般 FDM 打印机都是由同步齿形带传动的，传动带太松容易跳齿，太紧则容易增加传动负载，进而影响传动精度和缩短传动带的使用寿命。

2. 清理导轨

如果打印机运行过程中噪声略有变大，则需要清理和润滑导轨。一般用无纺布轻轻擦掉导轨上的污物和油腻，并在导轨上涂上润滑油即可。

3. 紧固螺栓

FDM 打印机上的有些部件是由螺栓连接而成的，随着使用时间的增加，螺栓可能会逐渐变松，特别是在 X、Y、Z 轴上，变松的螺栓可能会引起振动或噪声。如果遇到这种情况，需要及时将螺栓拧紧。

4. 不能手动移动打印头

3D 打印机待机时，不要手动将打印头沿导轨移动。因为手动移动打印头时，与同步齿形带相连的步进电动机会逆转产生一定的电流，电流会通过导线流至打印机电路板并对电路板产生冲击，进而损坏打印机。

此外，打印机在正常打印过程中不能直接断电，如果需要断电，则先关闭系统，再关闭电源。打印时，打印机要有"工作中，勿断电"的提示，以免被误断电。打印机的固件也需要经常进行升级，以保证其正常运行。

 扩展阅读

打印模型翘边的原因

一、打印平台未调平

在打印过程中如果打印平台与喷嘴之间的距离过大，或由于打印平台不平造成喷嘴移动过程中其与打印平台之间的距离远近不一致，可能会导致打印的第一层与打印平台的黏结不够牢固，从而引起翘边。

二、喷嘴温度不合理

FDM 打印机喷嘴温度设定需要结合具体环境、具体打印材料和打印平台的材料等多种因素，温度设置过高或过低都会引起翘边。一般来讲，不同品牌 FDM 打印材料或同一品牌不同颜色的 FDM 打印材料，其最佳喷嘴设定温度均会稍有差别，需要打印机操作者根据实际情况具体试验并设定。

§3-4 3D 打印后处理

无论是工业级还是桌面级的 FDM 工艺 3D 打印机，打印出来的产品都会显示一些被称为层效应（Layered Effect）的纹路或一些必要的支撑，因此，需要对模型进行必要的后处理。如果模型精度较好，结构比较规则，其后期处理相对容易，一般是去除模型基面和支撑等。如果打印精度不够，模型会出现毛边或一些多余的棱角，影响打印作品的效果，因此，需要通过一系列的后期处理来完善作品，如拼接、补土、打磨、上色等。

一、3D 打印后处理常用工具和材料

在后处理过程中，如果准备了下列工具和材料，将在很大程度上保证 3D 打印后处理的顺利进行（注意，这不是一个最终的工具列表，而是一个不错的参考）。

1. 常用手工工具

3D 打印常用手工工具如图 3-4-1 所示。

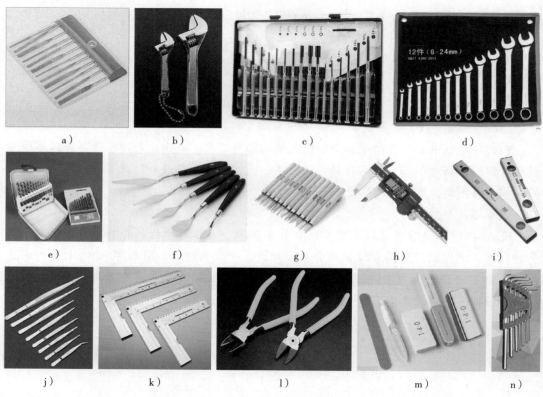

图 3-4-1　3D 打印常用手工工具

a）锉刀套装　b）可调扳手　c）精密旋具套装　d）标准扳手　e）各种规格的钻头

f）刮刀　g）刻刀　h）游标卡尺　i）水平仪　j）镊子　k）直角尺

l）钳子　m）打磨块　n）内六角扳手

2. 常用电子工具

电子工具主要用来修正模型、给模型安装电子元器件和检修打印机等，如图 3-4-2 所示。

3. 打印辅助材料

打印辅助材料是指打印过程中所需的一些辅助工具，配备这些工具来解决打印中的问题是十分必要的，如图 3-4-3 所示。

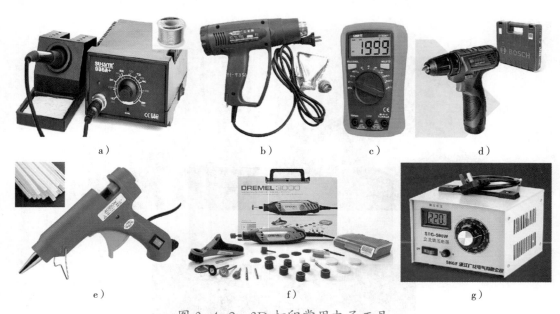

a)　　　　　b)　　　　　c)　　　　　d)

e)　　　　　f)　　　　　g)

图 3-4-2　3D 打印常用电子工具

a）焊台　b）热风枪　c）万用表　d）电池供电的手钻　e）热熔胶枪

f）电磨头套装　g）可调变压电源

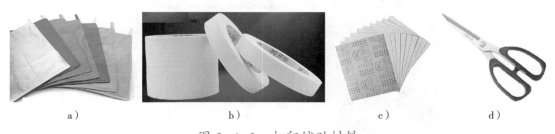

a)　　　　　b)　　　　　c)　　　　　d)

图 3-4-3　打印辅助材料

a）抹布　b）美纹纸　c）砂纸　d）剪刀

二、3D 模型的简单后处理

1. 去除支撑

一般打印机的支撑采用虚点连接，和模型连接不是十分紧密，打印后可以用手或镊子去除。如果支撑部分和模型连接得过于紧密，可以用壁纸刀或雕刻刀小心切开并撕下，如图 3-4-4 所示。

2. 拼合黏结

　　如果模型过大或整体打印支撑过多，可以利用软件将模型切开，分成几部分进行打印，打印完毕再进行拼合黏结。在去除支撑的过程中如果不小心将部件损坏，也需要进行黏结，如图 3-4-5 所示。常用的模型黏结胶水有木工胶水、亚克力黏结剂和热熔胶等，如图 3-4-6 所示。

图 3-4-4　去除支撑

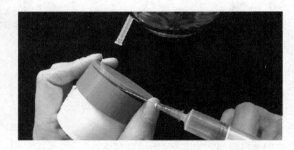

图 3-4-5　模型黏结

图 3-4-6　黏结胶水

3. 补土

　　模型黏结完成后，有些表面要求较高的模型需要进行补土。这是因为有些模型在打印或后处理过程中会产生落差、凹陷等缺陷，特别是采用 FDM 技术打印的模型，如果打印精度过低，会造成明显的分层纹路，需要用补土来弥补，待其干燥、硬化后再打磨平整。补土的材料有很多种，如牙膏补土、保丽补土、原子灰、AB 补土、水补土等，具体见表 3-4-1。

▼ 表 3-4-1　常用的补土材料

名称	图标	简介
牙膏补土		牙膏补土属于填缝补土，有补缝补土、软补土等很多俗名。牙膏补土的特点是软、黏，与模型的接合度高，特别适合 3D 打印中修补模型表面的坑洼等缺陷
保丽补土		保丽补土使用时需要混合凝固剂，将凝固剂混入保丽补土并搅拌均匀至半流体状，便可涂抹在模型上，待干燥后再进行打磨、抛光等操作
原子灰		原子灰便宜、量大，但气味非常大，干燥后硬度也大，使得后期打磨难度较高，不适宜在不通风的场合使用
AB 补土		AB 补土属于造型补土，用作模型塑型、改造和雕刻。这种材料是由主剂和硬化剂两部分构成，需要用手来捏合。AB 补土黏性低，硬化速度慢，对于 3D 打印模型的后处理稍显麻烦
水补土		水补土就是底漆，类似于涂料，一般都采用喷涂的方法来附着到模型表面，用来使喷涂颜色统一或增强其他涂料的附着力，以防止掉漆。水补土经常用在打磨之后

4. 打磨和抛光处理

待补土胶水完全干燥、硬化后，开始进行打磨和抛光处理，尤其是当外观是零件的一个重要因素时需要进行打磨和抛光处理。常见的打磨和抛光技术有锉刀和砂纸打磨、珠光处理、蒸气平滑、抛光机处理、电镀等，其中以锉刀和砂纸打磨最为常用。

（1）锉刀和砂纸打磨

锉刀和砂纸打磨是一种廉价且行之有效的方法，一直是 3D 打印零部件后期抛光最常用、使用范围最广的技术。如果条件允许，也可以使用砂带磨光机这样的专业设备，如图 3-4-7 所示。

打磨一般分为粗打磨和精细打磨。粗打磨一般用普通锉刀，精细打磨一般用砂纸打磨。砂纸打磨又分干砂纸打磨和水砂纸打磨。干砂纸砂粒间隙较大，磨出来的表面较粗糙。水砂纸砂粒间隙较小，且和水一起使用，磨出的碎末会随水流出。水砂纸打磨效率较低，但磨得较光滑。目前市场上也有很多电动打磨工具，打磨时可以用电动设备来辅助打磨，但打磨速度不能过快，否则容易损伤模型表面。

（2）珠光处理

珠光处理就是操作人员手持喷嘴朝着抛光对象高速喷射介质小珠从而达到抛光的效果，如图 3-4-8 所示。珠光处理一般比较快，5~10 min 即可完成。经过珠光处理的产品表面光滑，有均匀的亚光效果。珠光处理比较灵活，可用于大多数 FDM 材料和产品开发到制造的各个阶段（从原型设计到生产）。

图 3-4-7　砂带磨光机

图 3-4-8　珠光处理

（3）蒸气平滑

蒸气平滑是将打印零部件放在蒸气罐内，蒸气罐底部有已经达到沸点的液体，液体蒸气能在几秒钟内将零件约 2 μm 厚的表层融化，使其达到光滑的目的。

蒸气平滑技术被广泛应用于消费电子、原型制作和医疗方面。该方法不显著影响零件的精度。采用蒸气平滑技术处理的产品如图 3-4-9 所示。

a）　　　　　　　　b）

图 3-4-9　采用蒸气平滑技术处理的产品

a）处理前　b）处理后

（4）抛光机处理

随着后处理技术的发展，目前市场上出现了一些 3D 打印抛光机（图 3-4-10），专门针对 3D 打印的产品进行自动抛光处理。传统的抛光方法都属于材料去除技术，而 3D 打印抛光机采用材料转移技术，将零件表面凸出部分的材料转移到凹槽部分，对零件表面的精度影响非常小，也不会产生废料。但这种抛光机价格高，技术要求高，操作较复杂，目前还未被市场普遍接受。

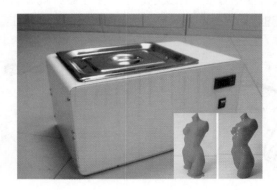

图 3-4-10　3D 打印抛光机

（5）电镀

电镀就是利用电解原理，在某些物体表面镀上一薄层其他金属或合金的过程，以提高耐磨性、导电性、反光性、抗腐蚀性及增进美观等作用，如图 3-4-11 所示。电镀产品外观效果极好，表面光泽度极高，被广泛应用于珠宝设计、工业设计、快速成形、机械零件制作等领域。电镀技术的造价成本较高，在使用过程中常会用到有毒的化学溶液，因此，操作过程中要注重环境和自身的保护。

图 3-4-11　电镀后的模型

5. 上色修饰

模型经过打磨、补土、表面抛光之后，可以进入上色环节。一般可以用 Photoshop 软件模拟上色效果，然后再根据模拟效果上色。值得注意的是，一般在选择打印线材的颜色时，一定要考虑后期上色时原有颜色是否能被遮盖。

（1）上色工具和颜料

1）上色工具。常用的上色工具有气泵、喷笔和上色笔等。气泵和喷笔专业性强，价格昂贵；上色笔价格便宜，使用方便。在上色过程中要尽量穿戴好防护装备，如口罩、护目镜、手套等，防止上色过程对人体产生危害。上色工具及防护装备如图 3-4-12 所示。

图 3-4-12　上色工具及防护装备

2）颜料。常用的 3D 打印上色颜料有模型漆、自喷漆、丙烯颜料和补漆笔等，如图 3-4-13 所示。

①模型漆一般分为亚克力漆、珐琅漆和硝基漆三种，三种颜料性质各不相同。

亚克力漆又称水性漆，其毒性小，环保性好。

珐琅漆的干燥时间长，均匀性最好，适用于涂装大面积的模型。

硝基漆的挥发性高，干燥速度快，成膜性好，但毒性最强，建议尽量使用环保颜料替代。

②自喷漆也是目前常用的上色颜料，其特点是手摇自喷，方便环保，不含甲醛，干燥速度快，味道小，且会很快消散，对身体健康无害，可以轻松遮盖住打印模型的底色。自喷漆一般作为教学过程中 3D 打印模型上色的首选。

③丙烯颜料价格低，易调和（用水就可以调和），干燥速度快，色彩丰富，颜色艳丽，是模型涂装的不错选择，特别适合初学者使用。

④补漆笔主要用来勾勒模型上的细节部分。对于 PLA、ABS 材料的 3D 打印模型，用喷漆和涂漆很难处理模型特别细小的部分，而补漆笔恰好在细小的部分可以发挥作用。

（2）上色步骤

上色步骤如图 3-4-14 所示。

1）打底漆。一般用白色做底漆，当面漆喷在白色底面上时，颜色会更加纯正。底漆一般喷 2~3 层，直至盖住打印材料的本色。

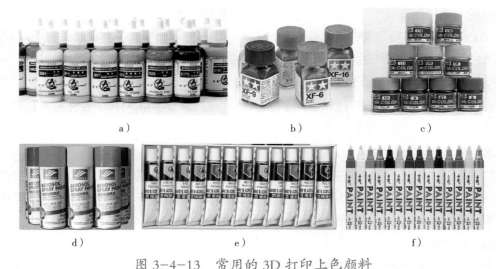

图 3-4-13　常用的 3D 打印上色颜料

a）水性漆　b）珐琅漆　c）硝基漆　d）自喷漆　e）丙烯颜料　f）补漆笔

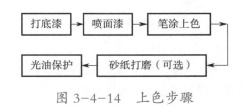

图 3-4-14　上色步骤

2）喷面漆。选择模型需要的颜色，喷 2~3 层面漆，直至完全覆盖模型表面的底漆。

3）笔涂上色。上完底漆和面漆并晾干后，可以用蘸有丙烯颜料的笔在模型表面描绘一些细节。

4）砂纸打磨。砂纸打磨的作用与抛光类似，可以打磨掉不小心流挂的漆。等漆干后，用细砂纸磨平，再喷一层漆，表面即可十分均匀。

5）光油保护。光油保护的作用是形成高光或亚光效果的透明保护膜，保护面漆不氧化变色和脱漆起皮，延长面漆的使用寿命。一般喷 1~2 层。

三、3D 模型后处理的注意事项

1. 控制材料的去除量

很多 3D 打印后处理工艺都涉及材料去除，因而在后处理过程中尽量控制材料的去除量，以保证模型的尺寸精度和形状精度。

2. 尽量控制打磨温度

打磨过程中要注意在同一位置的打磨时间不要过长，以防摩擦生热熔化模型表面，同时也防止由于在同一位置打磨掉过多材料，从而影响模型的尺寸精度。

3. 上色的时间和环境

在上色的过程中要尽量在通风且无尘的环境中进行，只有这样，所有表面的上色才会均匀。上色完成后需要等到漆膜完全干燥后再进行抛光。

4. 后处理过程中的劳动保护

后处理过程中，打磨会产生粉尘；上色过程中，黏合剂、丙烯材料、油性漆等会产生有害气体，因此，一定要注意加强劳动保护。

5. 环境对后处理结果的影响

由于夏天的温度、湿度都较高，喷漆后的表面在干燥过程中会不平整，所以一般在室温20~25℃，湿度70%的环境下操作较好；冬天气温低，喷漆的干燥速度慢，为了不影响喷漆效果，需喷漆1~2天后待漆完全干透再进行其他操作。

6. 颜料种类的选择

上色时应根据上色物品的特点选择最合适的颜料种类。例如，给儿童玩具上色时要选择绿色、天然、无污染的有机颜料；给一般的打印物品上色时，考虑到经济成本，一般选用价格合理、色泽艳丽、不易掉色的颜料。

 练习题

1. 3D 打印后处理常用的手工工具主要有哪些？（列举 5 种）

2. 3D 模型的简单后处理手段有哪些？（列举 5 种）

3. 3D 打印模型常见的上色颜料有哪些？（列举 3 种）

4. 3D 打印模型常用的补土材料有哪些？（列举 3 种）

第四章

3D 打印造物初体验

✎ 学习目标

1. 了解 3D 打印创新教育课程平台。
2. 掌握简单的正向建模并完成模型打印。
3. 掌握简单的逆向建模并完成模型打印。
4. 了解常用 3D 打印 STL 模型的获取途径。

§4-1 简单的正向三维建模及打印

一、正向设计建模

目前有许多使用方便、功能强大的软件或平台可以进行三维建模，本节以 3D 打印创新教育课程平台建模的 FDM 打印为例，介绍最简单 3D 打印的正向建模流程。

3D 打印创新教育课程平台（3D Printing Innovation Education）是快速制造国家工程研究中心创新教育研究与培训基地针对青少年认知与动手能力而全新开发的一款教育应用型软件，该软件简单易用，配备全套的高质量教学课件，是 3D 打印入门和创新教育的不错选择。

3D 打印创新教育课程平台包含 3D 魔术师、3D 艺术家、3D 程序员、2D 转 3D、3D 积木、3D 漫像、3D 浮雕、创意模型库、3D 快速建模九大模块，见表 4-1-1。

▼ 表 4-1-1　3D 打印创新教育课程平台基本模块

模块名称	图标	简介
3D 魔术师	M3 WNDX 3D 魔术师	3D 魔术师是一款 3D 基础几何体与 2D 草图相结合，可进行布尔运算与空间变换的 3D 设计软件。软件界面清新、整洁，操作简单，主要用于提高青少年的立体空间感和 3D 设计能力

模块名称	图标	简介
3D 艺术家	3D 艺术家	3D 艺术家是一款艺术雕塑建模软件。与专业雕塑建模软件不同，3D 艺术家简化了界面，提供了类似捏橡皮泥的自由塑形建模方式，操作简单，非常适合青少年设计 3D 艺术模型，是一款极具特色的艺术类 3D 建模软件
3D 程序员	3D 程序员	3D 程序员是基于青少年编程工具 Scratch 交互方式的全参数化 3D 模型设计软件，支持图形、模型、文字、函数、布尔运算、平移与缩放、镜像与旋转变换、数学运算、逻辑控制、自定义变量和模块等功能，既可以培养青少年的编程能力和逻辑思维，又可以锻炼其 3D 空间设计能力
2D 转 3D	2D 转 3D	2D 转 3D 软件具有用户界面简洁，操作简单，所输出模型能立刻用于 3D 打印等特点。操作者可以将自己的想法通过该软件快速设计成模型，而不必花大量时间去学习复杂的三维建模软件
3D 积木	3D 积木	3D 积木是一款 3D 体验与创造力培养软件。该软件可以通过鼠标点选积木模块，并堆叠出任意形状，符合青少年最本真的创造方式，简单易用。同时，它还可以与 3D 打印机无缝集成，输出的模型可直接用于 3D 打印
3D 漫像	3D 漫像	3D 漫像系统是针对现有 3D 照相用户体验差的缺陷，研发并推出的实用化 3D 照相解决方案。3D 漫像技术实现了人像 3D 全自动合成，操作者可以根据自己的喜好实时调节角色、发型、脸型、表情、年龄等，软件操作简单，趣味性强，寓教于乐
3D 浮雕	3D 浮雕	3D 浮雕能将平面照片转换成浮雕，且适配于各种设计好的产品模板，不仅具有个性 DIY 的意义，还具有实用的价值。该软件根据照片图形颜色深浅不同在软件中生成不同厚度的 3D 图形，从而产生一种 3D 效果，如配合透光量可产生 3D 浮雕效果，这是一种非常简单、常见的 3D 设计方法
创意模型库	创意模型库	创意模型库中有 1 000 余件各种创意 3D 模型，适合初学者前期熟悉 3D 打印技术、培养学习兴趣和提高动手能力。创意模型库还包含大量的装配模型，在培训操作 3D 打印机能力的同时，也能用于训练后处理、模型装配等动手能力

续表

模块名称	图标	简介
3D 快速建模	**ML** WNDX 3D 快速建模	3D 快速建模是一款参数建模软件，操作者仅需要输入一些参数就能构筑出自己定制设计的各种模型，特别适合青少年理解和熟悉参数化建模的基本概念，为今后学习更复杂的软件打好基础

这里以 3D 打印创新教育课程平台中的"3D 漫像"为例，介绍具体建模过程。

1. 双击软件快捷方式，打开"3D 打印创新教育课程平台"首页，如图 4-1-1 所示。

图 4-1-1　"3D 打印创新教育课程平台"首页

2. 双击"3D 漫像"图标，进入如图 4-1-2 所示界面，选择要做漫像的角色，单击"确定"按钮，进入如图 4-1-3 所示界面。

3. 单击图 4-1-3 所示界面左侧对话框中的"加载图片"按钮，进入如图 4-1-4 所示界面，单击"上传图片"按钮并选择如图 4-1-5 所示的要加载的图片。

4. 加载完成后对图片进行旋转、缩放、平移等操作，使之达到如图 4-1-6 所示的效果。

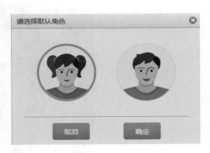

图 4-1-2　角色选择

图 4-1-3　3D 漫像界面

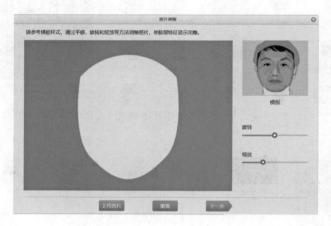

图 4-1-4　加载图片

图 4-1-5　要加载的图片

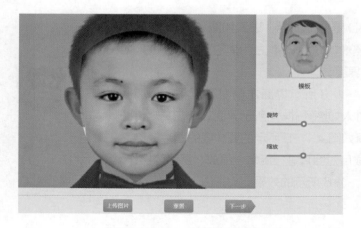

图 4-1-6　加载头像

5. 单击"下一步"按钮，会出现 11 个对应关键点位置：两个耳朵、两侧脸颊、两个鼻翼、两个嘴角、两个眼睛和一个下颚，如图 4-1-7 所示，对照对话框右上侧的标准特征位置图进行必要的调整，然后单击"下一步"按钮。

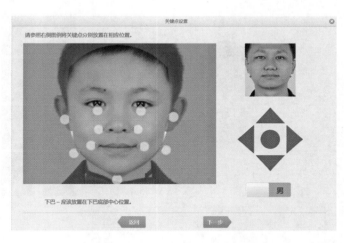

图 4-1-7　调整标准位置

6. 经过计算机自动处理后，得到如图 4-1-8 所示的三维人像实体图。不难发现，计算机中人像的面部特征正是刚才载入的图片中小朋友的面部特征，而且人像已经从平面二维图转化为三维图。此时可以根据个人喜好在右侧对话框中的角色定制、发型选择、人像美容、五官容貌、表情调整、配饰选择等选项卡中进行个性化定制和调整。

图 4-1-8　人像三维实体图

7. 经过调整后，最终得到根据个人喜好形成的三维实体人像图，如图 4-1-9 所示。

图 4-1-9 最终得到的三维实体人像图

8. 单击"保存"按钮，将立体模型保存并命名为"三维立体人像"，如图 4-1-10 所示，得到最终的三维实体人像 STL 文件。

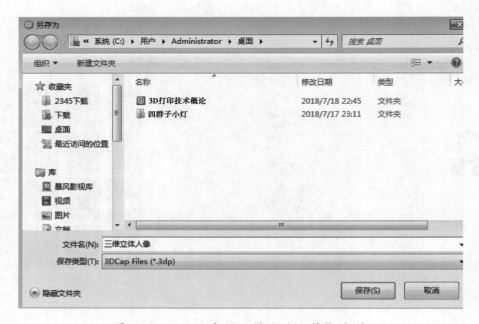

图 4-1-10 保存"三维立体人像"文件

除了 3D 打印创新教育课程平台这种教育类软件有 STL 模型库外，目前，也有许多 3D 打印网站提供 STL 模型供 3D 打印爱好者下载使用，如我爱 3D（www.woi3d.com）、打印啦（www.dayin.la）等，这些网站不仅提供 3D 模型的分享平台，还提供一些简单的 3D 打印机以及 3D 模型的小常识供 3D 打印爱好者交流与学习。

二、模型数据检测

数据检测的软件很多，本次数据检测采用 Magics 软件，检测过程如下：

1. 双击并打开 Magics，执行"文件"→"加载新零件"命令，载入刚才保存的名为"三维立体人像"的 STL 文件，如图 4-1-11 所示。

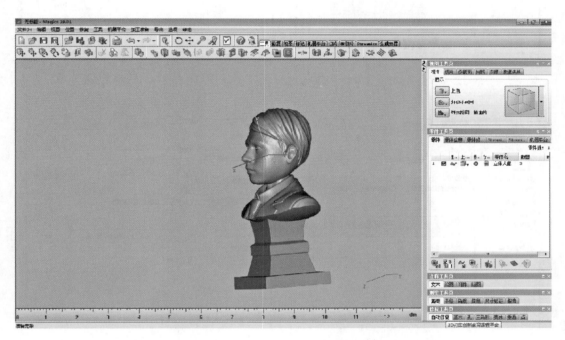

图 4-1-11　Magics 载入模型

2. 执行"修复"→"修复向导"命令，弹出"修复向导"对话框，如图 4-1-12 所示。

3. 单击"更新"按钮，查看诊断结果，如图 4-1-13 所示。图中重叠三角面片和交叉三角面片数量分别为 4 和 14，说明该 STL 数据模型有错误。

4. 根据图 4-1-13 的诊断结果，分别单击"重叠"→"自动修复"按钮和"三角面片"→"自动修复"按钮，进行自动修复，如图 4-1-14 所示。

图 4-1-12 "修复向导"对话框

图 4-1-13 诊断结果

图 4-1-14 自动修复

5. 修复后得到如图 4-1-15 所示的结果。如果一个三维数据模型的反向三角面片、坏边、错误轮廓、缝隙、孔洞、干扰壳体、重叠三角面片和交叉三角面片的诊断结果均为 0，则符合 STL 文件标准，这样的三维数据模型（图 4-1-16）就可以进行支撑添加了。

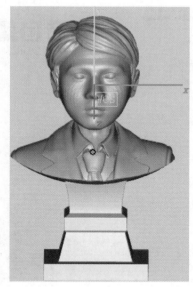

图 4-1-15　修复结果　　　　　图 4-1-16　修复后的 STL 模型

三、添加支撑和分层

1. 添加支撑

经过观察，人像的肩膀下方必须添加支撑，但这处面积和角度都比较大，为了打印模型能够准确打印，不考虑用手工添加支撑，而采用软件"自动添加支撑"功能进行添加。

2. 分层

双击桌面上的 Cura 软件快捷方式，打开 Cura 软件，执行"文件"→"读取模型文件"命令或单击" 🖺 "图标载入刚才修复好的名为"三维立体人像"的 STL 文件，如图 4-1-17 所示。

由于打印设备和 PLA 材料的生产厂家不同，其性能也会稍有差异，本次打印按照打印要求设置打印的基本参数如下（仅供参考）：层厚 0.1 mm，壁厚 0.8 mm，开启回退，底层 / 顶层厚度 0.8 mm，填充密度 30%，打印速度 60 mm/s，打印温度 215℃，热床温度 35℃，支撑类型 Everywhere，黏附平台 Raft，丝材直径 1.75 mm，流量 102%。参数设置完成后，查看分层是否符合打印要求，如图 4-1-18 所示。

单击" 🖫 "图标，保存分层程序为"三维立体人像 .Gcode"。

四、打印

一般 FDM 打印机具有离线打印和联机打印两种功能，建议使用离线打印功能，即将 Gcode 程序存储在存储设备中，将存储设备安放在打印机上进行打印，这样可以释放计算机，仅打印机工作。

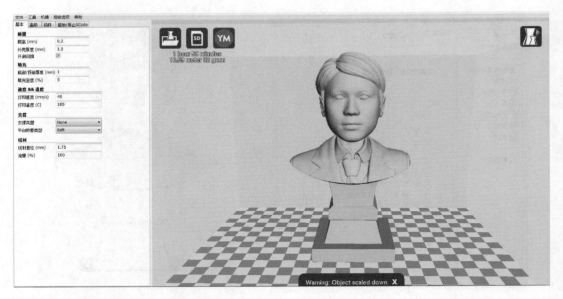

图 4-1-17　在 Cura 软件中导入"三维立体人像"的 STL 文件

图 4-1-18　查看分层

　　具体操作为：在完成打印机的调平、送丝工作后，将已经分层的模型 Gcode 文件拷入存储设备，再将存储设备插入打印机对应位置，打开 3D 打印机的电源开关，选择要打印的文件，单击"打印"按钮即可，如图 4-1-19 所示。打印完成的模型如图 4-1-20 所示。

五、后处理

1. 基面和支撑去除

　　用壁纸刀或水口钳小心切开模型的支撑并撕下，如图 4-1-21 所示。如果支撑去除得不够光滑，可以用锉刀或砂纸辅助打磨，直至模型符合补土要求。

图 4-1-19 进行文件打印

图 4-1-20 打印完成的模型

图 4-1-21 去除模型支撑

2. 补土

有些表面要求高的模型需要进行补土，特别是用 FDM 打印机打印的模型，如果打印精度过低，会造成明显的分层纹路，需要用补土来弥补，待其干燥、硬化后再打磨平整，如图 4-1-22 所示。

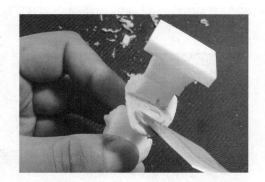

3. 打磨和表面抛光

先用锉刀进行粗打磨，再用砂纸进行精细打磨。砂纸号数由小到大，直至打磨光滑，如图 4-1-23 所示。

图 4-1-22 用补土修补模型

4. 上色修饰

穿戴好防护用品并装备好上色材料后就可以进入上色环节。

（1）打底漆

打底漆一般是将白色喷漆均匀喷涂在模型表面，直至盖住打印材料的本色。一般需要喷 2~3 层底漆，如图 4-1-24 所示。

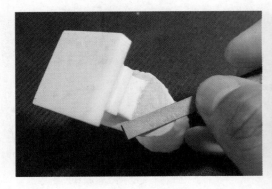

图 4-1-23　打磨和表面抛光

（2）砂纸打磨

作用同抛光部分，可以打磨掉不小心留挂的漆。等漆干后，用细砂纸细细磨平，再喷一层漆，表面即可十分均匀。

（3）喷面漆

选择模型需要的颜色，喷 2~3 层面漆，直至完全覆盖模型表面的底漆，如图 4-1-25 所示。

（4）笔涂上色

面漆干燥后可以用蘸有丙烯颜料的笔在模型表面描绘一些细节，如图 4-1-26 所示。

图 4-1-24　打底漆

图 4-1-25　喷面漆

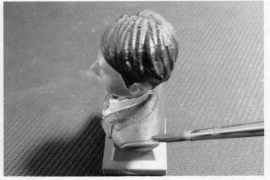

图 4-1-26　笔涂上色

（5）光油保护

光油保护的作用是形成高光或亚光效果的透明保护膜，保护面漆不氧化变色和脱漆起皮,延长面漆的使用寿命。一般喷 1~2 层,如图 4-1-27 所示。

后处理完成的模型如图 4-1-28 所示。

图 4-1-27　上光油

图 4-1-28　后处理完成的模型

 扩展阅读

简单模型获取方法举例

一、3D 打印创新教育课程平台"3D 浮雕"建模

1. 双击"3D 浮雕"快捷方式,打开"3D 浮雕"首页,如图 4-1-29 所示。

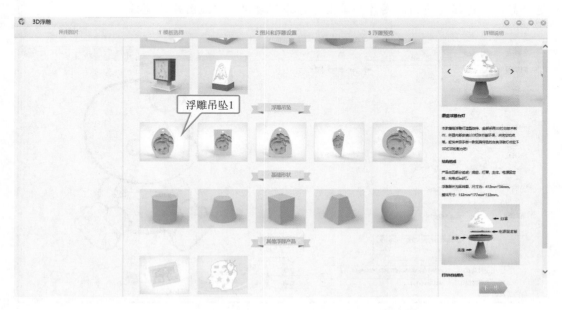

图 4-1-29　3D 打印创新教育课程平台"3D 浮雕"首页

2. 选择图 4-1-29 中"浮雕吊坠"选项的"浮雕吊坠 1",单击"下一步"按钮,进入如图 4-1-30 所示的浮雕图片选择界面。

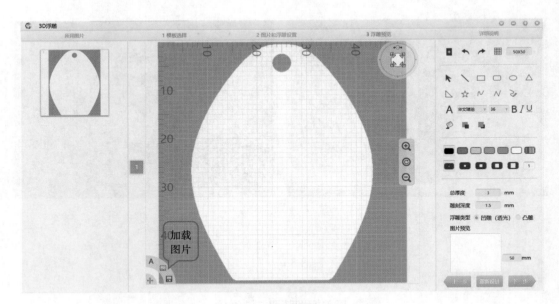

图 4-1-30　浮雕图片选择界面

3. 单击图 4-1-30 所示界面中的"加载图片"按钮,进入如图 4-1-31 所示的图片选择界面,选择要使用的图片,单击"选择"按钮,完成图片的选择。

图 4-1-31　图片选择

4. 加载完成后，对图片进行旋转、缩放、平移等调整，还可以根据喜好在浮雕上加上自己喜欢的字，如图 4-1-32 所示，完成图片的编辑。

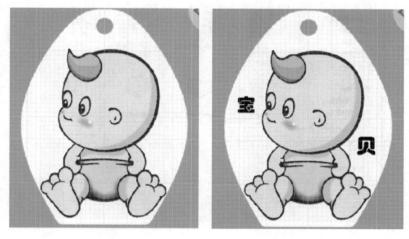

图 4-1-32　图片编辑

5. 单击"下一步"按钮（图 4-1-33），得到如图 4-1-34 所示的吊坠模型。

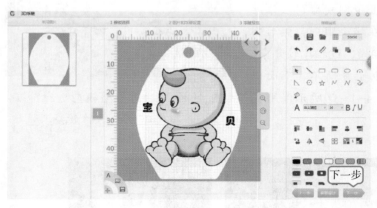

图 4-1-33　生成吊坠

图 4-1-34　吊坠模型

6. 单击"保存"按钮，将立体模型保存为"吊坠模型 1"STL 文件，如图 4-1-35 所示。对"吊坠模型 1"STL 文件进行 Cura 软件分层和代码生成，效果如图 4-1-36 所示，然后就可以进行打印，完成吊坠的制作。

图 4-1-35　保存"吊坠模型 1"STL 文件

二、3D One 建模

3D One 是一款专为初学者开发的 3D 设计软件。该软件界面简洁，功能强大，操作简单，易于上手，是一款简单、易用的 3D 设计软件。

创意浮雕就是在物体上印刷或雕刻立体浮雕图像。传统制作方式是在蜡上雕刻，然后制造石膏蜡模，进行浇铸、翻模，过程比较复杂。而利用 3D 打印制造浮雕则十分简单。下面以 3D one 为例介绍制造如图 4-1-37 所示浮雕笔筒的步骤。

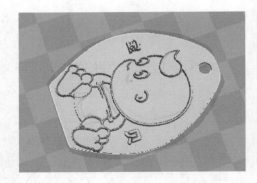

图 4-1-36　对吊坠模型进行分层和代码生成后的效果

图 4-1-37　浮雕笔筒

1. 双击"3D one"快捷方式打开软件，如图 4-1-38 所示。

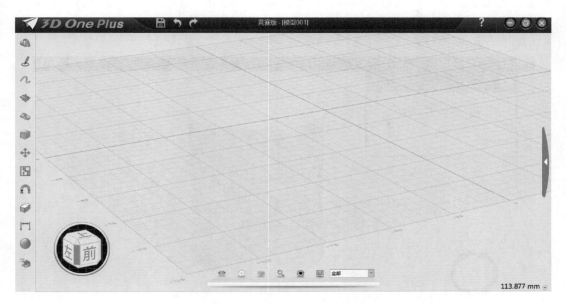

图 4-1-38　3D one 界面

2. 单击"基本体"→"圆柱"按钮，将圆柱中心定为（0，0，0），绘制一个直径为 40 mm、高为 10 mm 的圆柱，单击"确定"按钮完成圆柱的绘制，如图 4-1-39 所示。

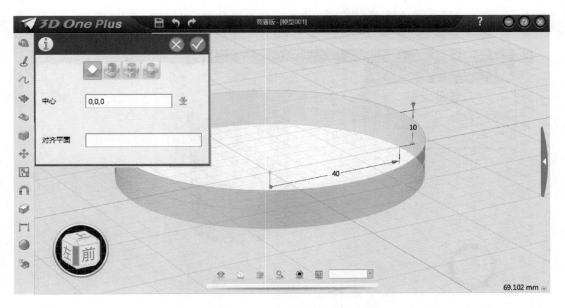

图 4-1-39　绘制圆柱

3. 单击"基本体"→"圆柱"按钮，绘制一个直径为 39 mm、高为 80 mm 的圆柱。将圆柱圆心定在第一个圆柱的中心，中心坐标为（0, 0, 10），同时将这个圆柱和第一个圆柱进行"加"布尔运算，单击"确定"按钮完成加圆柱的绘制，如图 4-1-40 所示。

图 4-1-40　绘制加圆柱 1

4. 单击"基本体"→"圆柱"按钮，绘制一个直径为 40 mm、高为 10 mm 的圆柱。将圆柱圆心定在上一个圆柱的中心，中心坐标为（0, 0, 90），同时将这个圆柱再次进行"加"布尔运算，单击"确定"按钮完成加圆柱的绘制，如图 4-1-41 所示。

图 4-1-41　绘制加圆柱 2

5. 单击"基本体"→"圆柱"按钮，绘制一个直径为 35 mm、高为 90 mm 的圆柱。将圆柱圆心定在上一个圆柱的中心，中心坐标为（0，0，10），同时将这个圆柱和原有圆柱进行"减"布尔运算，单击"确定"按钮完成减圆柱的绘制，如图 4-1-42 所示。

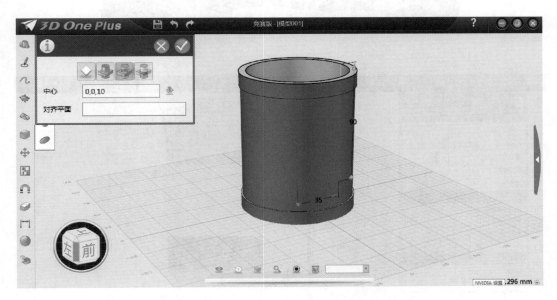

图 4-1-42　绘制减圆柱

6. 在左侧功能菜单中执行"特殊功能"→"浮雕"命令，再选择合适的图片，图片最好是灰度图，因为使用灰度图的效果比较好，如图 4-1-43 所示。然后单击"打开"按钮，如图 4-1-44 所示。

7. 根据实际情况设置浮雕参数。参数设置界面如图 4-1-45 所示，可以设置需要雕刻浮雕的面、最大偏移量、缠绕角度及分辨率等参数。其中，"文件名"是指选择雕刻的图像文件；"面"是指选择模型中要雕刻的曲面；"最大偏移"是指浮雕的深度，实例中选择 1 mm；"缠绕"是指雕刻浮雕的范围，设置 360 则全曲面雕刻，设置 180 则只雕刻一半曲面；"原点"是指雕刻图像的起始点，本次实例可以不设置；"方向"是指雕刻视图的方向，0 表示和导入时图片的方向相同；"宽高比"要根据实际情况设置，尽量做到美观；"分辨率"是指浮雕的精度，分辨率越小精度越高，实例中选择 0.03 mm。设置完成后，单击"确定"按钮，即可得到如图 4-1-46 所示的浮雕笔筒模型。

执行"文件"→"另存为"→"STL"命令，在弹出的"STL 文件生成"对话框中设置 STL 参数，如图 4-1-47 所示，然后单击"确定"按钮，将 STL 模型保存为"荷花笔筒"，并输出到指定位置，建模结束。

图 4-1-43　灰度图

图 4-1-44　选择灰度图

图 4-1-45　参数
设置界面

图 4-1-46　浮雕笔筒模型

三、常见的 3D 打印模型下载网站

1. 3D 打印资源库（www.3dzyk.cn）

2. 打印啦（www.dayin.la）

3. 中国 3D 打印网（www.3ddayin.net）

4. 魔猴网 (www.mohou.com)

5. 打印派（www.dayinpai.com）

6. 爱给网（www.aigei.com）

7. 3d 侠模型网 (www.3dxia.com)

8. 3D 溜溜网 (www.3d66.com)

9. 我爱 3D 网（www.woi3d.com）

10. 南极熊 3D 打印网（www.nanjixiong.com）

图 4-1-47　设定 STL 参数

 练习题

尝试用学过的三维建模软件建造一个 STL 模型并进行 FDM 打印和后处理。

§4-2　简单的逆向扫描建模及打印

一、逆向设计建模

SK211B 三维扫描仪（图 4-2-1）是一款高精度白光桌面 3D 扫描仪，该扫描仪具有扫描速度快，精度高，安全可靠，操作简单，能输出完整的 STL 模型，可无缝对接 3D 打印机等特点。其价格便宜，比较适合初学者使用。

本节将以 SK211B 三维扫描仪为例介绍逆向设计建模的具体方法。

1. 标定三维扫描仪

标定扫描仪是借助系统配置的标准标定板，利用一定的算法计算出测量镜头的内外部结构参数，根据结构参数正确重建出测量点的三维坐标。一般出现以下情况时需要重新标定：重新安装测量软件；测量镜头发生变动；无法进行扫描操作；室温变化大于 10℃。

图 4-2-1　SK211B 三维扫描仪

标定板是一件极其精密的测量用具。使用标定板时应戴手套操作，以防划伤标定板和避免手上的汗渍、污渍对标定板产生影响。标定过程中要轻拿轻放，避免磕碰，防止损坏。标定完成后，应将其放入专用的存储箱内。

SK211B 三维扫描仪标定十分简单，标定界面有标定说明，只需要根据标定说明将标定板放在转台中心，单击"开始标定"按钮即可标定。

（1）进入标定界面。每次启动软件，软件都会提示是否进行标定，单击"标定"按钮，或选择软件左上角的"标定"选项（图 4-2-2），即可进入标定界面（图 4-2-3）。

图 4-2-2　选择是否进行标定

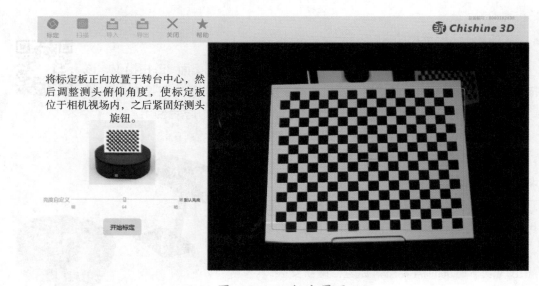

图 4-2-3　标定界面

（2）根据场景、光线等因素进行亮度调节（取消"默认亮度"的勾选即可手动进行亮度调节），一般默认即可。

（3）单击"开始标定"按钮，软件即可自动进行标定。开始标定前，转台会自检一圈，然后开始标定。

（4）单击"确定"按钮确认标定结果（图 4-2-4），标定完成。

图 4-2-4　确认标定结果

2. 喷粉（喷显影剂）

一般情况下，扫描仪对物体表面的材质要求不高，但色彩及反光、透光等因素会对测量结果有一定的影响，且工件表面的灰尘、铁屑等在测量数据时会产生噪声，造成点云数据不佳，所以如果对扫描精度有很高的要求，需要对物体表面进行处理，尤其是黑色表面、透明表面和反光表面。图 4-2-5 所示为不适合直接扫描的物体。

图 4-2-5　不适合直接扫描的物体

最适合进行三维扫描的理想表面状况是亚光白色，因此，扫描前通常需要在物体表面喷一薄层白色物质。根据工件的要求不同，选用的喷涂物也不同。对于一些不需要进行喷涂后清理的物体，一般可以选择白色的亚光漆和显像剂（图 4-2-6）等；而对于那些需要进行喷涂后清理的物体，只能使用白色显像剂，因为白色显像剂使用完后很容易去除。

图 4-2-6
显像剂

3. 扫描

（1）选择扫描模式（有"白光模式"和"激光模式"两种）。"白光模式"扫描速度快，"激光模式"扫描速度慢，但扫描精度更高，这里选择"白光模式"即可，如图 4-2-7 所示。

（2）选择扫描方式（有"单次扫描"和"多次融合扫描"两种）。"单次扫描"精度高，表面质量好；"多次融合扫描"可以从多个角度对被测物进行扫描、拼接，扫描的数据更完整。一般选择单次扫描即可，如图 4-2-8 所示。

图 4-2-7　选择扫描模式　　　图 4-2-8　选择扫描方式

（3）根据物体复杂程度选择扫描角度。本次设置为 8（默认角度），即每次扫描转台旋转 45°，设置完成后单击"下一步"按钮进行测光。

（4）测光和扫描。若被测物表面为黑色或接近黑色，则勾选"黑色物体"选项，单击"测光"按钮，软件自动进行光线测试，测光完成后，单击"开始扫描"按钮进行扫描，如图 4-2-9 所示。

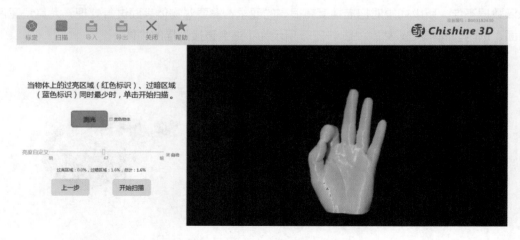

图 4-2-9　测光和扫描

（5）待扫描完成后在右侧视窗中可以看到扫描结果，如图 4-2-10 所示。然后依次单击"点云三角化"（图 4-2-11）、"平滑处理"（选择平滑系数，单击"执行"按钮对扫描数据进行平滑处理，如图 4-2-12 所示）、"补洞处理"（选择补洞方式，单击"执行"按钮对扫描数据未扫描上的部分进行补洞，如图 4-2-13 所示）对扫描结果进行相应处理。

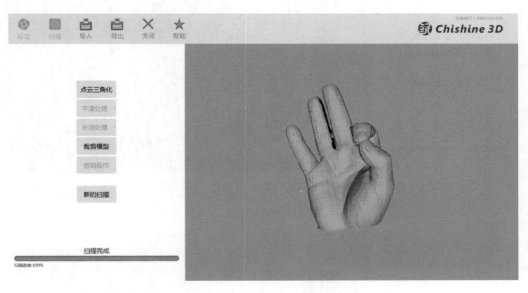

图 4-2-10　扫描结果

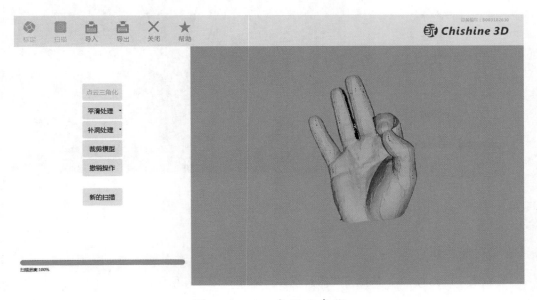

图 4-2-11　点云三角化

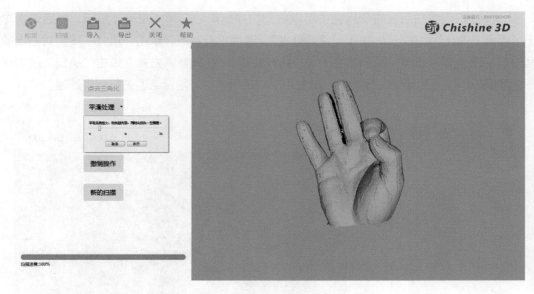

图 4-2-12　平滑处理

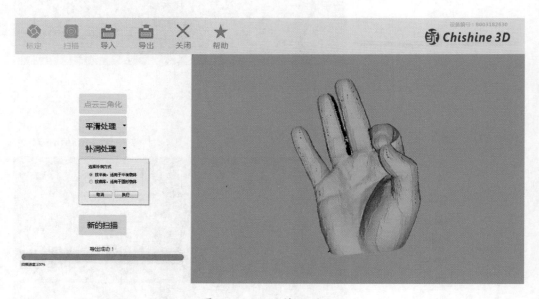

图 4-2-13　补洞处理

二、数据处理

1. 双击"Design X"快捷方式打开软件，如图 4-2-14 所示。

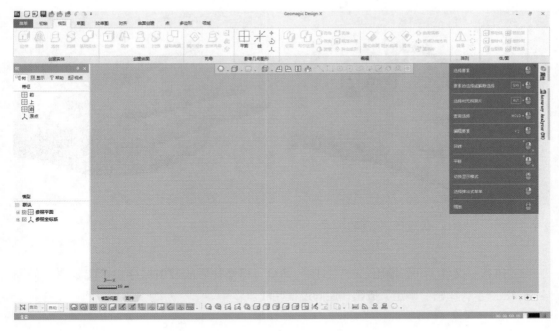

图 4-2-14　Design X 软件界面

2. 执行"菜单"→"插入"→"导入"→"手模"（扫描后保存的文件）命令，将模型导入，手动去除噪点后得到如图 4-2-15 所示的点云图像。

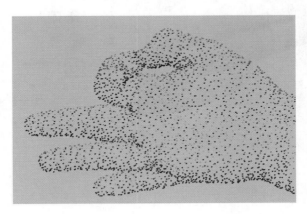

图 4-2-15　手模点云

3. 执行"点"→"面片创建精灵"→"OK"命令，创建面片，创建面片后的模型会有许多缺陷，如图 4-2-16 所示。

4. 执行"多边形"→"填空"命令，将发现的缺陷尽量修补完整，如图 4-2-17 所示。

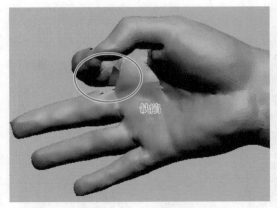

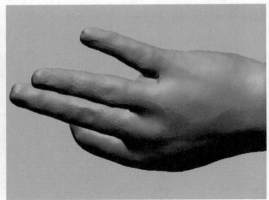

图 4-2-16　创建面片后的模型　　　　图 4-2-17　修补缺陷

5.执行"文件"→"输出"→"STL"命令,将修补后的模型保存为 STL 文件,如图 4-2-18 所示,单击"确定"按钮,逆向过程完成。

图 4-2-18　保存逆向后的文件

三、模型数据检测

1.双击桌面上的 Magics 软件快捷方式,打开 Magics 软件,执行"文件"→"加载新零件"命令,导入刚才保存的"手模"STL 文件,如图 4-2-19 所示。

2.执行"修复"→"修复向导"命令,根据诊断结果进行模型修复,如图 4-2-20 所示,直至得到合格的 STL 文件为止。

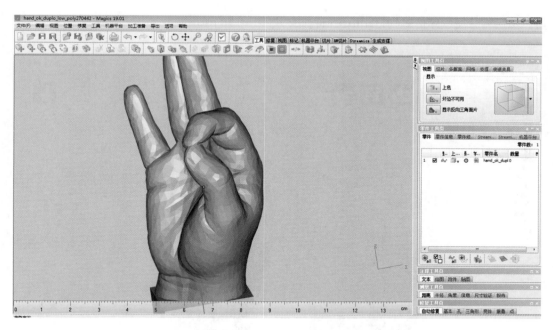

图 4-2-19　在 Magics 软件中导入"手模"STL 文件

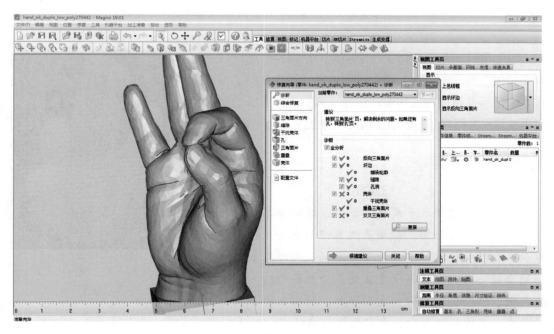

图 4-2-20　根据诊断结果进行模型修复

四、添加支撑、分层及打印

将修复后的"手模"STL 文件导入 Cura 软件中，如图 4-2-21 所示，添加支撑、分

层，然后将分层程序传输到打印机进行打印，打印完成的模型如图 4-2-22 所示。

图 4-2-21　在 Cura 软件中导入"手模" STL 文件

以上是针对初学者做了一个简单的从实物模型到数据再到实物模型的逆向过程，整个过程中只针对形状做了相应操作，没有涉及精度和二次设计过程。事实上工业级的逆向过程无论是尺寸精度还是表面质量都要比上述过程严格得多。

 扩展阅读

扫描方法

扫描时需要经过多角度、多范围的扫描才能完成对被扫描工件的完整扫描。扫描系统采用标志点（扫描系统会精确、自动地提取标志点的三维坐标）来确保多次扫描数据的坐标一致，即将每次生成的点云数据均统一到公共坐标系中，从而完成点云的自动拼接。扫描系统要求在扫描

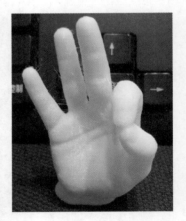

图 4-2-22　打印完成的模型

过程中，至少能摄取到 3 个在之前扫描时提取出的标志点，同时要求这 3 个标志点尽可能不共线、不对称。

扫描时首先根据实物的尺寸、形状和结构复杂程度判断其大致需要扫描的次数以及扫描的顺序。尺寸、形状和结构复杂程度不同，扫描方法也不同。

一、小件扫描

小件扫描是指被扫描工件的尺寸在扫描系统单帧扫描范围内的工件扫描。在这种情况下，只需要考虑按照一个合适的扫描顺序，保证本次扫描与之前扫描时提取出的标志点均有至少 3 个公共点即可。

二、大件扫描

大件扫描是指被扫描工件的尺寸超出扫描系统单帧扫描范围，但不超过扫描范围 2 倍的工件扫描（如果超出 2 倍以上，则需要与三维摄影扫描系统配套使用）。在这种情况下，第一次扫描应从可得到最多标志点的工件中部开始。

三、将标志点贴在转台上

小件扫描和大件扫描时，标志点均粘贴在工件表面，这种方法的优点是被扫描工件可以随意移动或转动，缺点是粘贴标志点处会产生较多的环状空洞（因为标志点外围是黑色的，扫描系统将不会产生扫描数据点）。在实际扫描中，如果工件不易搬动，也可以使用辅助装置。例如，将被扫描工件放置在转台上进行扫描，标志点可以粘贴在被扫描工件周围的转台表面，如图 4-2-23 所示。这种粘贴方法可以有效减少工件表面的标志点数量，使扫描数据尽可能少地产生空洞，但其不允许被扫描工件与转台有任何的相位位移，否则会使拼接误差增大，甚至导致扫描失败。

图 4-2-23　将标志点粘贴在被扫描工件周围的转台表面

 练习题

1. 三维扫描仪为什么需要标定？

2. 一般情况下，出现哪些情况需要对三维扫描仪进行重新标定？

3. 在标定过程中，标定板的使用注意事项有哪些？

4. 一般在哪些情况下需要对模型进行喷粉（喷显影剂）操作？

第五章

3D 打印的应用

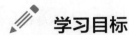 **学习目标**

1. 了解 3D 打印在日常生活中的应用。
2. 了解 3D 打印在生物医学领域的应用。
3. 了解 3D 打印在文化创意领域的应用。
4. 了解 3D 打印在建筑领域的应用。
5. 了解 3D 打印在汽车制造领域的应用。
6. 了解 3D 打印在航空航天领域的应用。
7. 了解 3D 打印在军工领域的应用。
8. 了解 3D 打印在模具制造领域的应用。

§5-1 3D 打印与日常生活

随着 3D 打印技术的飞速发展，3D 打印已经成为现实，并逐渐走入人们的生活中，在衣、食、住、行等方面发挥着越来越重要的作用。

一、3D 打印与食品

人们可以借助食品 3D 打印机打印出各种食品。食品 3D 打印机由计算机、自动化食材注射器、输送装置等构成，以食材为原料进行打印。计算机中存储了上百种立体形状，人们可以根据自己的喜好进行选择。图 5-1-1 所示为 3D 打印的巧克力。

目前，一些营养师正在考虑根据个人的基础代谢量和每天的活动量，利用 3D 打印机打印每日所需的食物，以此来控制肥胖、糖尿病等问题。

a） b） c）

图 5-1-1　3D 打印的巧克力

a）玫瑰花巧克力　b）杯子巧克力　c）小屋巧克力

 应用案例

2013 年，NASA 将碳水化合物、蛋白质和各种营养物质都制成粉末状并将水分剔除后，用 3D 打印机打印供航天员在太空中食用的比萨。据介绍，这种比萨（图 5-1-2）的保质期可达 30 年。

图 5-1-2　3D 打印的太空比萨

二、3D 打印与服饰

服装是生活中的必需品，而人们对于服装的多样化与个性化需求与日俱增。随着时代和科技的发展，服装的制作与生产也被注入了新的元素，即通过 3D 打印的方式来制作服装。3D 打印服装的出现，满足了人们个性化的需求，也为 3D 打印行业带来了无限创作的可能。

传统的制衣方式存在设计流程繁复、制作周期长的短板，从设计样板到裁剪面料，再到客户的适身性匹配，需要多次重复性的工作才能确认服装是否合适，在此过程中不仅浪费人力成本，而且裁剪布料的过程也是不可逆的。3D 打印服装方式的产生可以最大程度解决这些问题。在初始设计时，设计师会将客户身体的三维信息通过三维扫描的方式记录下来，然后根据真实身体的三维模型制定服装设计方案。服装的制作采用 3D 打印的方式，一体成形，不仅节约了裁剪面料的时间，而且 3D 打印材料价格不高，更容易被客户接受。

目前，我国湖南的一家 3D 打印企业——湖南华曙高科技有限责任公司，将 TPU 材料和选择性激光烧结 3D 打印技术运用到 3D 打印的服饰、鞋子、手包、眼镜等消费品制作中，推出了时尚的 3D 打印手包、舒适的 3D 打印鞋底、美轮美奂的 3D 打印衣服以及轻巧的眼镜框，如图 5-1-3 所示。3D 打印技术已然成为服饰制作的强大推动力，设计师可以突破剪裁局限，创作出别出心裁的设计，自由定义想表达的概念，无论再复杂的构想都能变成现实。

a）　　　　　　　　b）　　　　　　　　c）　　　　　　　　d）

图 5-1-3　3D 打印的服饰

a）3D 打印的手包　b）3D 打印的鞋底　c）3D 打印的衣服　d）3D 打印的眼镜框

三、3D 打印与首饰

目前，珠宝饰品行业也正在朝着个性化、年轻化的方向发展。其实早在 10 多年前，3D 打印就开始应用于珠宝首饰行业的快速原型制作。3D 打印珠宝首饰主要有两种方式，一种是打印蜡模，然后再进行翻模铸造；另一种是直接用贵金属打印首饰。3D 打印的首饰如图 5-1-4 所示。

图 5-1-4　3D 打印的首饰

四、3D 打印与玩具

目前，3D 打印玩具逐渐成为 DIY 玩具的主流趋势，用户可以根据孩子的喜好轻松、便利地自行打印玩具，如图 5-1-5 所示。

图 5-1-5　3D 打印的玩具

五、其他

3D 打印可以定制自己的 3D 打印成品，如图 5-1-6 所示。

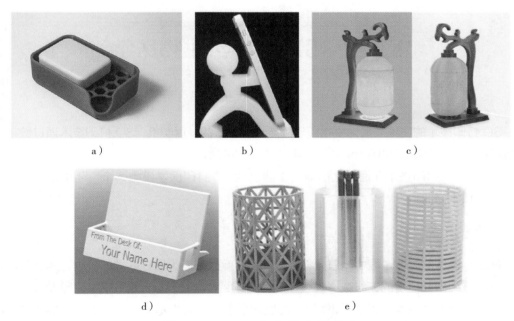

图 5-1-6　3D 打印的个性成品

a）3D 打印的肥皂盒　b）3D 打印的手机支架　c）3D 打印的台灯

d）3D 打印的名片夹　e）3D 打印的笔筒

六、3D 打印在日常生活中的应用前景

随着 3D 打印领域的不断拓展，以及 3D 打印技术不断向民用方向普及，3D 打印技术在日常生活中有无限的应用前景和市场需求，预计未来 3D 打印技术将在以下几个方面得到广泛的应用。

1. 人们不必花时间逛街和试穿衣服，就能根据自己身体的三维数据量身定制和自由打印衣服、鞋帽等服饰。

2. 人们能根据儿童年龄特点和兴趣爱好，随意设计其喜欢的玩具。

3. 照片不再只是平面照片，立体三维照片将不断普及。

4. 家居中可以不用专门设置厨房，而是通过打印机打印食物。

5. 每个人都是创客，能随时将自己的灵感付诸实践，创造出自己满意的作品。

 练习题

1. 查阅资料，了解 3D 打印在日常生活中的应用。

2. 想一想你身边有什么物品可以用 3D 打印技术制作。

§5-2　3D 打印与生物医学

3D 打印技术的飞速发展为生物医学领域提供了新的发展契机。3D 打印技术通过数字化使传统医学步入了数字时代，引领了一场新的医学革命。

目前，3D 打印技术在医学上的应用主要包括 3D 打印医学模型、个性化植入物、医疗辅助器械和生物细胞等。

一、3D 打印与医学模型

在医学模型的制造过程中，首先将医学 CT 影像数据进行目标区域的分割，得到要打印的目标区域组织或器官的三维数据模型，然后将其经分层处理后传输到 3D 打印设备，打印出相应的三维实体模型。目前，3D 打印的医学模型主要有手术模拟用模型和医学教学用模型两种。

1. 手术模拟用模型

传统的手术治疗是通过拍片、影像学检查得到的数据，凭借医生的经验确定手术方案。

而通过 3D 打印技术可以快速获得手术部位的实体模型，供外科医生进行术前规划，缩短了手术时间，极大地减小了手术过程中出错的可能性。除此以外，医生还可以通过 3D 打印模型向患者及家属详细讲解病变位置、手术复杂性及手术操作的危险性，以获得患者及家属的理解与配合。图 5-2-1 所示为 3D 打印的手术模拟用模型。

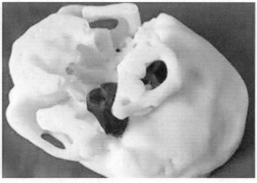

图 5-2-1　3D 打印的手术模拟用模型

2. 医学教学用模型

随着现代医学的发展，尸体标本的来源越来越紧张，严重制约着医学教学与外科训练的开展。数字医学的出现，使人们能够在计算机上建立人体各种组织和器官的 3D 数字模型，再利用 3D 打印技术将组织和器官的数字模型变成细节逼真、重点突出的实体模型，进而进行医学教学。

与传统的医学教学模型相比，3D 打印的医学教学用模型可以根据需要实时制作、无限复制，并降低了搬运和存储损坏的风险。图 5-2-2 所示为 3D 打印的人体肝脏教学模型。

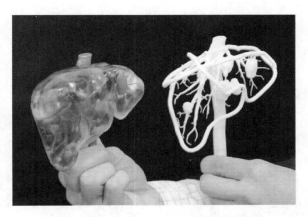

图 5-2-2　3D 打印的人体肝脏教学模型

应用案例

　　2016 年年底，广州市妇女儿童医疗中心救治了一名出生不到一个月的婴儿。该婴儿自出生以来，体重不升反降，并伴有呼吸和吞咽困难等症状。经医生诊断其患有"皮埃尔罗宾综合征"。这是一种先天颌骨畸形导致的罕见疾病，严重的可致婴儿死亡，需要尽快进行手术。手术需要切开骨头并进行拉伸，让其回到正常的位置，但对在哪里切开、调整到何种程度有严格的要求。以往对这些技术细节医生只能根据经验判断，而现在有了新的选择。为了提高手术效果，广州市妇女儿童医疗中心联系了广东省一家骨科重点实验室，对方用 3D 生物打印技术制作出了患者的颌骨模型。医生们在模型上先进行了一次"模拟手术"，经过模拟手术，手术精度得到了极大提高，手术时间也大大缩短，有效提高了手术的安全性和术后效果。

二、3D 打印与个性化植入物

　　由于 3D 打印技术可以根据个体的特点进行匹配定制，因此，通过 3D 打印制造的个性化植入物在一定程度上提高了医疗水平。目前，这种技术已被广泛应用于骨骼移植和牙齿矫正等。

1. 骨骼移植

　　3D 打印技术非常适合制造人体骨骼。虽然人体骨骼具有非常复杂的三维结构，但 3D 打印的成形过程不受骨骼结构复杂程度的限制，它可以根据骨骼结构中的孔隙度和微孔大小，改变骨骼切片每层的填充方式，调节打印材料的密度，从而改变孔隙度和微孔大小，最终制造出适应细胞生长的活性骨骼。

　　例如，人体某块骨骼缺失或损坏，需要对其进行置换，首先可扫描对称的骨骼，形成计算机图形并做镜像变换，再打印制作出相应的骨骼。目前，利用 3D 打印技术构建人工骨骼的技术已日趋成熟。科学家利用三维扫描技术构建出半膝关节模型，通过快速铸造和粉末烧结技术，制造出钛合金半膝关节和多孔生物陶瓷人工骨，组装后得到复合半膝关节假体。临床应用表明，该复合半膝关节有良好的稳定性和足够的机械强度。图 5-2-3 所示为 3D 打印的人工膝关节及其置换手术。

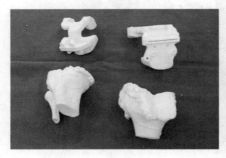

图 5-2-3　3D 打印的人工膝关节及其置换手术

2. 牙齿矫正

牙齿结构简单，但面型复杂，传统的镶牙过程一般需要经过反复试戴和修整，才能达到比较好的效果，这给患者带来了极大不便。利用三维扫描设备可以快速测量牙齿模型，并通过逆向重构得到牙齿的完整数据模型，再利用 3D 打印机进行制造。图 5-2-4 所示为 3D 打印的牙齿模型。

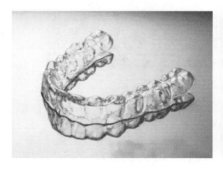 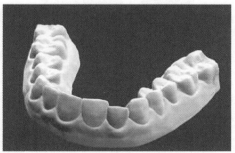

图 5-2-4 3D 打印的牙齿模型

三、3D 打印与医疗辅助器械

医疗辅助器械的制造无须考虑生物相容性等问题，常见的医疗辅助器械有手术导板、康复器材等。

1. 手术导板

近年来，基于 3D 打印技术个性化设计的手术导板已经被广泛运用到骨科、整形外科、口腔科等手术当中。图 5-2-5 所示为 3D 打印的手术导板。

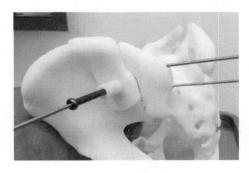 

图 5-2-5 3D 打印的手术导板

2. 康复器材

利用 3D 打印技术可根据不同需求制作个性化的康复器材。例如，医生可以利用三维扫描仪扫描获得患者的三维数据，经过数据处理后打印出与人体外形接近、贴合良好、工作协调、穿戴方便的义肢和夹板等，如图 5-2-6 所示。

图 5-2-6　3D 打印的义肢和夹板

四、3D 打印与生物细胞

　　3D 生物打印技术的原理是将添加了从骨髓、脂肪等组织中提取出的干细胞或不同活性因子的液体打印材料，通过生物打印机的喷头按照计算机分层图案精确打印人造组织，如图 5-2-7 所示。打印后的组织结构可以直接植入患者体内并最终形成新的组织或器官。从理论上讲，3D 生物打印机可以使用 CT 等扫描技术，得到患者身体各个部位的精确图像数据，并在随后的短时间内 3D 打印出相应的组织或器官。由于这些组织结构来源于患者的身体扫描，因此，打印后的植入物可以完全模拟原有器官，顺利地进行替换且具备生物相容性，从而减轻了植入过程对患者身体带来的不适。

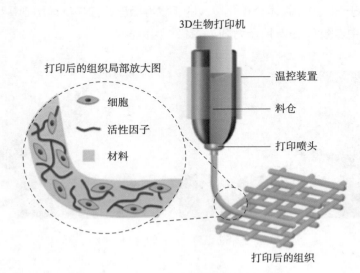

图 5-2-7　3D 生物打印的过程

　　一直以来，器官来源阻碍着移植医学的发展，目前的器官来源主要靠捐赠，但社会上的器官捐赠相对较少，而且还存在着致命的移植排斥反应，常导致移植失败。有了 3D 打印的器官，不但解决了供体不足的问题，而且避免了异体器官的排异问题，未来人们想要更换病变的器官将成为一种常规的治疗方法。虽然生物细胞打印仍处于研究和测试阶段，但其前景颇为广阔。

 应用案例

2016 年，我国科学家从恒河猴身体中取出约 5 g 脂肪，利用 3D 生物打印技术和从这 5 g 脂肪中提取出的脂肪间充质干细胞打印出一段长约 2 cm 的腹主动脉血管，并将其移植到恒河猴身上。术后 1 个月，打印血管已与恒河猴自身腹主动脉融为一体。据悉，截至 2016 年 12 月 1 日，科学家们已为 30 只恒河猴进行了体内植入实验，实验动物术后存活率为 100%，如图 5-2-8 所示。

传统人工血管存在内皮化问题，易出现堵塞，导致严重疾病。3D 打印血管的打印材料取自实验动物自体的脂肪间充质干细胞，保证了该血管移植到体内的安全性，能终身使用且没有排异反应。科学家们表示，该项技术未来将用于心血管疾病治疗，这将是中国科学家对世界医学界的重要贡献。

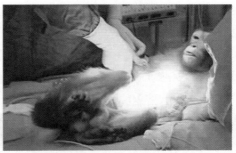

图 5-2-8　我国用 3D 打印的血管进行动物实验

五、3D 打印在生物医学领域的应用前景

随着影像学、生物工程、生物材料等学科的发展和交叉学科的兴起，相信在不久的将来，3D 打印技术能做到高效、高精度、低成本，并对特定患者定制个性化植入物。预计未来 3D 打印技术将在以下几个方面得到广泛的医学应用。

1. 3D 打印模型在医学教学和腔镜类微创手术模拟中的应用越来越广泛。

2. 利用 3D 打印机制作医疗用品，如手术工具、手术导板、医疗器械等，使医疗用品更加适合个体，同时减少获取环节和时间。

3. 3D 打印将在人体美容、表皮修复、义肢定制等领域有更广泛的应用，打造出更符合审美的人体特征。

4. 3D 打印技术将逐步完善人体组织和器官的打印，为每个人建立属于自己的组织和器官储备系统。

随着 3D 打印技术的发展，未来 3D 生物打印技术一定能加速生物组织工程的发展，实现复杂组织和器官的定制，使基于 3D 打印技术的生物组织和器官再生成为可能。不过 3D 打印技术在带来医学新革命的同时，也将面临伦理、审批和监管等一系列问题。但未来在国家有效的监管和科技人员的共同努力下，3D 打印技术一定会在生物医学领域得到更加广泛的应用。

 扩展阅读

3D 打印在生物医学领域的应用

一、3D 打印的人体表皮细胞

美国南卡罗来纳州维克佛瑞斯特大学的再生医学研究所与美国军队再生医学研究所合作，使用 3D 皮肤打印机直接在患者伤口上打印细胞，从而帮助伤口更好更快地愈合，如图 5-2-9 所示。其机理是利用 3D 打印技术制造出仿生细胞水滴，这些水滴通过 3D 打印组装成凝胶状物质，这类物质既能像神经细胞束一样传输信号，又能像肌肉组织那样弯曲。

二、3D 打印的人造血管

2014 年，美国路易斯维尔大学的科研团队利用脂肪干细胞打印出了人类的心脏瓣膜和微小血管，并在小鼠身上移植成功。接下来这个团队还将逐步实现心脏各个部件的打印，最终形成完整的心脏并用于人体移植，如图 5-2-10 所示。

 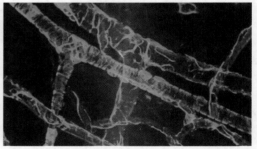

图 5-2-9　3D 打印的皮肤表皮细胞　　　图 5-2-10　3D 打印的人造血管

三、3D 打印的耳朵

美国科研人员利用生物细胞结构和纳米电子元素，以水凝胶作为基质，根据人耳的解剖形状制作出了仿生耳。这种仿生耳无论是在外观还是在功能上，均可与人耳相媲美，如图 5-2-11 所示。

图 5-2-11　3D 打印的仿生耳

 练习题

3D 打印技术在生物医学领域有哪些应用？

§5-3　3D 打印与文化创意

文化创意产业主要包括广播影视、动漫、传媒、表演艺术、工艺与设计、雕塑、环境艺术、服装设计等多方面的创意群体。随着人们对文化创意产业要求的不断提高，3D 打印技术也在文化创意领域发挥着越来越重要的作用。

一、3D 打印与雕塑

3D 打印技术的发展潜移默化地影响了艺术家、艺术世界以及艺术作品的生产方式。

目前，一些雕塑艺术家们正在使用 3D 打印技术来补充现有的工作流程。在某些情况下，雕塑艺术家们正在使用 3D 打印技术，探索在一个较小尺寸模型基础上制作一个更大的模型，或将 3D 打印技术与其他雕塑媒介物组合使用。3D 打印技术有助于雕塑工艺从基础性的、艺术性不高的工作中解脱出来，推动其向更加艺术化和多元化的方向发展。

未来，3D 打印技术将为雕塑家提供一把有力的工具，更有可能让更多的人通过这项技术，参与到雕塑这项活动中来。

 应用案例

2017 年 12 月，北京创享华艺科技有限公司 CHINArt3D 团队创作出全 3D 打印成形的 3D 版"马踏飞燕"雕塑（图 5-3-1）。这座雕塑通体为红色，以出土于我国甘肃省的汉代国宝级青铜雕塑"马踏飞燕"为原型，运用 3D 打印技术进行了全新的重构和再创作。雕塑高 1.2 m、长 1.5 m，是近年来采用 3D 打印技术制作的较大的雕塑。3D 版"马踏飞燕"雕塑的设计者表示："3D 数字化雕塑的尝试，仅仅是我们的一个开始，今后我们还将挑战更大尺寸的 3D 打印雕塑，甚至将 3D 版'马踏飞燕'做成可以四肢自由活动的动态机械马。"

图 5-3-1　CHINArt 3D 团队
制作的"马踏飞燕"

二、3D 打印与文物保护

博物馆内的文物具有很高的历史价值、文化价值和科学价值。为了防止其受到损害，通常会用替代品来保护原始作品不受环境或意外事件的损害，同时这些复制文物也能达到将艺术或知识广泛普及的目的。

3D 打印的文物模型和文物原件在形状和尺寸上几乎没有差别。除了高度仿真外，3D 打印的文物模型还具有无限复制的特点，以满足人们的观赏要求。有人认为，3D 打印的文物模型会以假乱真扰乱文物市场，对此，研究人员表示复制文物仅能获得与文物一模一样的外形，很难通过打印获得与文物一模一样的材质，因此，基本上不存在上述问题。

近年来，随着 3D 打印技术的发展，其为文物保护提供了新的工具和广阔的应用前景。

图 5-3-2a 所示为用 3D 打印技术复制国宝级文物鹿形金怪兽（图 5-3-2b）的仿制品。这件复制文物长 11 cm、高 11.5 cm。整个制作过程用时 14 h。

a）　　　　　　　　　　　　　　　b）

图 5-3-2　3D 打印鹿形金怪兽仿制品和真品
a）仿制品　b）真品

应用案例

　　2017 年年底，在中央电视台推出的综艺节目《国家宝藏》中，介绍了为让流落海外的国宝皿方罍器身回家的故事，3D 打印从中发挥了重要的作用。湖南省博物馆在回购国宝皿方罍器身的过程中，国内外对我国皿方罍器盖与流落海外的皿方罍器身是否为一体表示质疑。而皿方罍器盖属于国家一级文物，原则上不允许携带出国，因此，技术人员借助 3D 打印技术复制了皿方罍器盖，并携带皿方罍器盖的 3D 打印复制品在纽约与皿方罍器身合二为一，消除了大家的怀疑，并顺利迎回国宝（图 5-3-3）。

图 5-3-3　3D 打印的皿方罍器盖与器身合二为一

三、3D 打印与影视道具

　　影视业很早就已经引入了 3D 打印技术来进行道具的设计和制作。传统道具一般使用泥土、木头、泡沫和硅胶等材料手工制作，这些道具往往表面粗糙、造型简单、细节稀少，很难满足特写镜头对细节的要求，且其制作周期较长。而用 3D 打印技术制作道具，制作流程短，速度快，几乎不受道具复杂程度的限制，制作成品适合近距离拍摄，进而提升了视觉效果和质感，如图 5-3-4 所示。

四、3D 打印与卡通动画

　　目前，在动画制作领域，3D 打印技术以其较强的造型能力，可以胜任绝大多数复杂的道具制作；3D 打印道具制作成本低，生产速度快，一旦道具出现损坏，可及时进行修补或替换，对拍摄进度的影响小；3D 打印技术可实现在制作过程中同步着色，避免了道具后期人工上色劳动强度大，着色不统一等缺点。

过去，动画先是在画纸上创作，给角色定型时主要还是依靠泥塑或石膏模型来观察和修正。而如今，可以轻松地通过 3D 打印技术，将设计师脑海中的创意直接在计算机上借助 3D 模型全方位呈现出来，并且直接打印模型。例如，电影《十二生肖》中，演员使用手套对兽首进行扫描，扫描之后数据直接存储在计算机内，然后经过 3D 建模、3D 打印，最终一个完美的复制品便展现在观众眼前，如图 5-3-5 所示。

图 5-3-4 3D 打印影视道具的制作

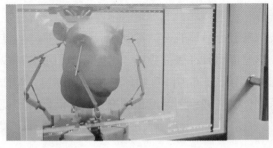

图 5-3-5 《十二生肖》剧照

目前，3D 打印正逐渐作为一种重要手段，应用到越来越多的动画制作中。随着 3D 打印技术越来越成熟，3D 打印设备和材料的价格越来越便宜，3D 打印在动画领域的应用也必然会越来越广。

五、3D 打印在文化创意领域的应用前景

3D 打印技术在文化创意领域的应用前景主要有以下几个方面。

1. 3D 打印技术能够为独一无二的文物和艺术品建立一个真实、准确、完整的三维数字模型。人们可以随时随地并且高保真地把这个数字模型再现为实物，为收藏和欣赏文物及艺术品提供了广阔的空间，进而促进文化的交流和传播。

2. 3D 打印技术为今后的跨界整合创造了良好的机会，为艺术家们提供了更为广阔的创作空间。例如，画家可以在动漫设计工程师打印的立体动漫角色上直接绘画，设计出色彩更漂亮、形象更完美的动漫角色。

3. 任何一个普通人都可以随时借助 3D 打印技术将自己的创意打印成实物，完成自己对创新、创意的渴望，进而更加丰富人们的文化生活。

总之，3D 打印技术将使文化创意更加大众化、多元化，其在文化创意领域具有十分广阔的发展前景。

 练习题

3D 打印技术在文化创意领域有哪些应用？

§5-4 3D 打印与建筑

目前，3D 打印技术在建筑领域的主要应用方式有两种，一种是打印建筑模型，另一种是直接打印真实的建筑。

一、3D 打印与建筑模型

在房屋建设中，为了更好地表达设计师的设计意图和展示建筑结构，建筑模型是必不可少的。手工制作建筑模型费时、费力且成本很高，而 3D 打印技术则弥补了其不足，3D 打印出的建筑模型能更真实、立体、快捷地表达设计者的设计意图和设计思想。由于 3D 打印技术具有成本低、速度快、环保和制作精美等优点，深受建筑设计师和工程师的青睐。图 5-4-1 和图 5-4-2 所示为 3D 打印的建筑模型。

二、3D 打印与真实建筑

3D 打印真实建筑就是通过 3D 打印技术直接建造建筑物。与传统的一砖一瓦的建筑方

式相比，3D 打印的真实建筑具有抗振性强、节省建筑材料、可以实现复杂建筑结构等优点。同时，3D 打印可以 24 h 工作，大大减少了建造周期和成本。目前，国内外很多企业正在尝试使用 3D 打印技术打印楼房等建筑物，并取得了初步的成功。图 5-4-3 和图 5-4-4 所示为 3D 打印的真实建筑。

图 5-4-1　3D 打印的商业楼盘模型　　　图 5-4-2　3D 打印的天坛模型

图 5-4-3　3D 打印的上海青浦园小屋

图 5-4-4　3D 打印的荷兰莫比乌斯环屋

 应用案例

2014 年 4 月，上海盈创建筑科技有限公司利用 3D 打印技术打印的 10 幢建筑在上海张江高新青浦园区内揭开神秘面纱。3D 打印建筑的原理与一般的 3D 打印基本相同，不过原料却换成了水泥和玻璃纤维的混合物，而这种特殊的建筑材料还可以回收利用。3D 打印建筑大大减少了建筑废料造成的环境破坏，提高了建造效率和建筑的抗振强度。据悉，目前，该公司可以在 24 h 内用 3D 建筑打印机一次性打印一幢别墅，如图 5-4-5 所示。

图 5-4-5　3D 打印的别墅

三、3D 打印在建筑领域的应用前景

虽然 3D 打印建筑刚刚起步，但市场空间不可估量，预计未来 3D 打印建筑将在以下几个方面得到广泛的发展和应用。

1. 随着 3D 打印建筑可打印材料的增加，未来将会开发出结构坚固、质量轻、抗振性好、保温、环保的新型材料。

2. 目前，3D 打印建筑的体量还不是很大，特别是大空间、大体量、大跨度建筑还无法完成，未来突破 3D 打印建筑的体量局限是 3D 打印建筑的重要发展方向。

3. 3D 打印建筑满足人们对建筑的个性化设计要求，随着技术的发展，内外装修一体化将是 3D 打印建筑的发展方向。

4. 3D 打印建筑以其极致的建造过程，最大限度地满足建筑、人、自然的和谐，这也将是 3D 打印建筑的发展方向。

 练习题

3D 打印技术在建筑领域有哪些应用？

§5-5　3D 打印与汽车制造

汽车是日常生活中最常见的交通工具，随着人们生活水平的不断提高，对汽车的要求也越来越高。3D 打印技术的出现在汽车的设计、性能提升、改装等方面发挥着越来越重要的作用。目前，3D 打印技术在汽车领域的应用主要有以下几个方面。

一、3D 打印与汽车研发模型

在汽车研发过程中，传统汽车制造商制作汽车原型一般采用泡沫或黏土手工制作，如图 5-5-1 所示，其制作精度差，周期长，费时费力。而 3D 打印的汽车原型制作速度快，还原度高，可以制造更加复杂和不规则的形状。同时，3D 打印的汽车原型还具有一项非常重要的功能——测试和调试，如通过 3D 打印对汽车进行尺寸测试、装配测试、功能测试、造型测试和风洞测试等。图 5-5-2 所示为美国通用汽车公司对 3D 打印的汽车模型进行风洞测试。

图 5-5-1　汽车黏土模型　　　　图 5-5-2　对 3D 打印的汽车
模型进行风洞测试

二、3D 打印与高价值汽车零部件

高价值汽车零部件通常是指单体制造价格昂贵、无法进行大规模生产或不适合进行大规模生产的零部件，如原型车零部件、定制化零部件以及特殊结构零部件等。2013 年，德国奔驰汽车公司在法兰克福车展上展出了一款 3D 打印的汽车原型，该车在设计过程中使用 3D 打印技术打印仪表板、座椅、通风口等（图 5-5-3），以获得特殊的轻量化结构和更加自由多变的造型。

图 5-5-3　3D 打印的汽车零部件

三、3D 打印与汽车模具

现在，汽车零部件的形状日益复杂，制造过程中模具的生产难度极大。如汽车热交换器（图 5-5-4），采用传统制造方式制造这种零部件的模具往往只能使用镶嵌、拼接等方式来实现，且无法达到高精度生产，生产周期也较长。如果使用 3D 金属打印技术，可有效控制汽车模具的复杂度并完成模具复杂型腔的整体加工，既降低了生产成本，又缩短了加工时间。

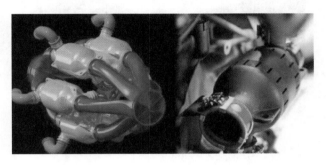

图 5-5-4　汽车热交换器

四、3D 打印与轻量化汽车

德国 EDAG（爱达克）公司在 2015 年的日内瓦车展上展出了一辆名为 Light Cocoon（轻茧）的超轻概念跑车。该车采用 3D 打印技术制造仿生造型的车身结构，在承载力低的地方减少材料的使用，在承载力高的地方提高材料的密度，并以每平方米仅重 19 g 的轻薄纺织物覆盖外壳，从而形成一辆轻质、高效的汽车。该车呈现半透明的独特效果，可随意变换色彩，如图 5-5-5 所示。

图 5-5-5　超轻概念跑车

五、3D 打印与汽修工具

有些汽维工具有特殊的尺寸要求和形状要求，利用 3D 打印技术可以生产出针对特定汽车的实用维修工具。目前，德国大众汽车公司已经开始用 3D 打印技术制造相关维修工具。图 5-5-6 中的车轮安装导向套主要用于保护车轮，避免其在安装过程中被划伤。以前这个车轮安装导向套的成本在 800 欧元左右，并且需要 56 天才能交货。现在应用 3D 打印技术后，成本降为 21 欧元，交货时间缩短为 10 天。

图 5-5-6　车轮安装导向套

六、3D 打印与定制、改装零部件

目前，汽车改装面临着很多问题，尤其是客户的改装要求通常很独特，如果完全按照客户的需求定制配件，改装难度极大，同时费用极高，而 3D 打印技术恰好解决了汽车零部件改装的难题。3D 打印技术可以完全按照客户需求定制改装部件，如改装汽车的"大包围"等。图 5-5-7 所示为美国纽约一家汽车改装公司改装的福特嘉年华 ST 轿车，除改变了该轿车的外部形状外，该公司还利用 3D 打印技术给汽车配置了定制打印的速度表刻度盘外壳及后灯、前照灯外壳，在发动机罩和轮拱中还设置有 3D 打印的通风口等。

图 5-5-7　改装的福特嘉年华 ST 轿车

七、3D 打印在汽车制造领域的应用前景

在汽车制造领域，3D 打印技术在特定情况下比传统生产方式更有竞争力。随着与 3D 打印技术相关的信息技术、材料技术、控制技术和智能制造技术的不断进步，3D 打印技术

在汽车研发、制造、维修、改装等领域将会发挥更大的作用。预计未来 3D 打印技术在汽车制造领域的发展将有以下几个方面。

1. 利用 3D 打印技术可以加快新车的研发速度，降低研发费用。

2. 利用 3D 打印技术的轻量化设计，使汽车油耗更低、更环保。

3. 利用 3D 打印技术，可根据顾客的需求进行个性化定制，实现特殊结构零件的生产和制造。

在 3D 打印技术的推动下，整个汽车行业会向着个性化、轻量化、便捷化、网络化和智能化的方向发展。

 扩展阅读

3D 打印的汽车整车和汽车零部件

图 5-5-8～图 5-5-14 展示了 3D 打印的汽车零部件和汽车整车。

图 5-5-8　3D 打印的汽车零部件

图 5-5-9　兰博基尼碳纤维车身　　图 5-5-10　宾利概念车部件

图 5-5-11　劳斯莱斯概念车　　图 5-5-12　雷诺无人车

图 5-5-13　国产 LESV 电动车　　　　图 5-5-14　"灵魂伴侣"概念车

 练习题

3D 打印技术在汽车制造领域有哪些应用?

§5-6　3D 打印与航空航天

　　航空航天技术是当今世界最具影响力的高新科技之一，也是衡量一个国家科技发展水平的重要标志之一。3D 打印技术在航空航天领域的应用主要集中在钛合金、铝锂合金、超高强度钢、高温合金等材料加工方面，这些材料基本上都具有强度高、化学性质稳定等特点，采用传统的加工方法不易成形加工且成本昂贵。3D 打印技术的优势，则为航空航天产品从产品设计、模型和原型制造到零件生产和产品测试等带来了新的研发思路和技术路径。

一、3D 打印与国产飞机

　　目前，3D 打印技术已经被大规模用于我国航母舰载机歼 -15、多用途战机歼 -16、重型战斗机歼 -20、中型战斗机歼 -31 以及民用大飞机 C919 上。2017 年 5 月 5 日，C919 试飞成功标志着我国在 3D 打印技术应用于航空航天技术上取得了成功。

　　传统飞机钛合金大型关键构件的制造方法是传统的锻造和机械加工，制造工艺耗时、费力、材料浪费多。使用 3D 金属打印技术加工无须铸模、锻造和组装等传统制造工艺，使得过去两三年才能加工完成的复杂大型零件两三个月就能完成。例如，图 5-6-1 所示的 C919 风挡框架，我国目前仅需 55 天就可以打印出来。图 5-6-2 所示为 3D 打印的 C919

中央翼橡条。图 5-6-3 所示为歼 -15 战斗机及 3D 打印的钛合金主框架。

图 5-6-1　3D 打印的 C919 风挡框架

图 5-6-2　3D 打印的 C919 中央翼橡条

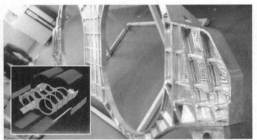

图 5-6-3　歼 -15 战斗机及 3D 打印的钛合金主框架

二、3D 打印与概念飞机

目前，美国 Airbus（空客）公司正利用 3D 打印技术来打造概念飞机。空客设计师巴斯蒂安·谢弗已经开始用 3D 打印技术制造一些小部件，预计到 2050 年左右可造出整架飞机。据了解，这款计划采用 3D 打印技术制造的概念飞机，将会采用多项创新设计理念，并且全面满足绿色环保的倡议。同时，透明的机身可为乘客带来一览蓝天白云的全新视觉感受，如图 5-6-4 所示。

图 5-6-4　3D 打印的概念飞机

三、3D 打印与轻量化设计

实现轻量化主要有两种途径，宏观层面上可以通过采用轻质材料，如钛合金、铝合金、镁合金、塑料、玻璃或碳纤维复合材料等材料来达到目的；微观层面上可以通过采用高强度结构钢这样的材料使零件设计得更紧凑和小型化。而 3D 打印通过特殊的轻量化结构设计，为实现轻量化提供了新的可行性。

澳大利亚 Monash University（莫纳什大学）与几家 3D 打印公司合作开发了一系列火箭发动机轻量化零件并打印成形，其中一个零件是火箭壁内的带有随形冷却夹芯结构的轻量化零件，如图 5-6-5 所示。

图 5-6-5　火箭发动机轻量化零件原型

我国西安铂力特激光成形技术有限公司也针对增材制造轻量化结构进行了大量探索，通过轻量化结构的设计和 3D 金属打印设备为航空航天、汽车等机械轻量化零件的制造提供解决方案。图 5-6-6 所示为铂力特公司生产的轻量化结构。

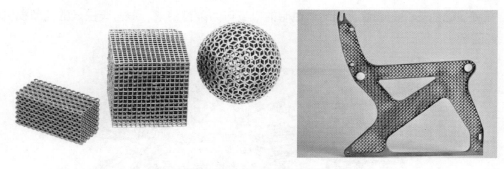

图 5-6-6　铂力特公司生产的轻量化结构

四、3D 打印与太阳能电池板

3D 太阳能电池板的开发，可谓是 3D 打印对太阳能电池产业的革命。高精度的 3D 打印能降低约 50% 的生产成本，还可省去许多低效工艺，减少昂贵材料的浪费，是全新的高效、低成本技术。图 5-6-7 所示为 3D 打印的太阳能电池板。

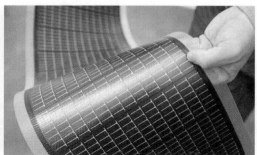

图 5-6-7　3D 打印的太阳能电池板

五、3D 太空打印机

2020 年 5 月 8 日，一台由中国自主研制的"复合材料空间 3D 打印机"及其在轨打印的两个样件随中国新一代载人飞船试验船返回舱成功返回东风着陆场，这是中国首次开展轨道 3D 打印实验，也是全球首次实现连续碳纤维增强复合材料的太空 3D 实验。连续碳纤维增强复合材料是当前国内外航天器结构的主要材料，密度低、强度高，开展复合材料空间 3D 打印技术研究，对于未来空间站长期在轨运行、发展空间超大型结构在轨制造，具有重要意义，如图 5-6-8 所示。

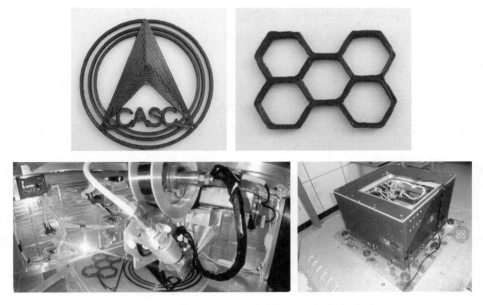

图 5-6-8　中国太空打印样件和太空打印机

六、3D 打印在航空航天领域的应用前景

目前，航空航天领域大多都是在使用价格昂贵且难以加工的材料（如钛合金、镍基高温合金等）进行工件制造，同时，航空航天领域涉及的工件结构复杂，部分工件要求具有特殊功能，3D 打印技术的出现有效地解决了上述问题。3D 打印技术在航空航天领域的发展趋势如下。

1. 多材料复合（功能梯度材料）

目前，美国 LMT（洛克希德·马丁）公司、BA（波音）公司以及一些航空航天领域的政府研究机构和大学实验室都在探索如何打印多种材料，特别是 3D 打印不同的金属材料。因为多材料的应用可以突破传统加工方式的束缚，使工程师有更多的自由度实现设计要求，还可以制造出一些满足特殊功能要求的零件。

2. 提高材料利用率，降低制造成本

航空航天领域的材料要求特殊，成本极高。据统计，在航空航天领域，传统制造方法对材料的使用率一般不会大于 10%。例如，一架 F-22 战斗机需要 2 796 kg 钛合金，但实际只有 144 kg 用到了飞机上。3D 金属打印技术则使材料的使用率达到了 60%，有时甚至达到 90%。这不仅降低了制造成本，节约了原材料，而且更符合国家提出的可持续发展战略。因此，提高材料利用率也是未来 3D 打印技术在航空航天领域的发展趋势。

3. 优化零件结构，减轻质量

对于航空航天武器装备而言，减重是其永恒不变的主题。优化零件结构不仅可以减轻装备质量、节省燃油、降低飞行成本，而且可以增加装备在飞行过程中的灵活度。3D 打印技术的应用可以优化复杂零部件的结构，实现零部件的整体制造，在保证性能的前提下，将复杂结构重新设计成简单结构，从而达到减轻质量的效果。

4. 航空器修复

以航空用高性能整体涡轮叶盘为例，当盘上的某一叶片受损时，整个涡轮叶盘将报废。但 3D 打印技术只需将受损的叶片看作是一种特殊的基材，在受损部位进行激光立体成形，就可以恢复零件形状和性能，这也是 3D 打印技术在航空航天领域应用的重要方向。

 扩展阅读

近年来，中国航空工业不断发展，除独立研制了歼 20 战斗机并成功装备部队，还独立研制了另外一款战斗机——歼 31。歼 31 战斗机应用了大量的钛合金材料和复合材料，整个飞机上大约有 100 多个零件采用了 3D 打印技术，包括了机身大梁等大部分主要零部件，3D 打印技术在歼 31 战斗机上的应用使得歼 31 战斗机的机身更牢固、更耐腐蚀和更轻巧，如图 5-6-9 所示。

图 5-6-9　歼 31 战斗机

 练习题

3D 打印技术在航空航天领域有哪些应用？

§5-7　3D 打印与军工

目前，3D 打印在军工领域的应用主要集中在直接打印军事沙盘和战场快修方面。

一、3D 打印军事沙盘

　　军事行动总是离不开立体军事地形图（沙盘）。普通沙盘体积庞大，制作周期长，制作困难。兰州军区某测绘信息中心将 3D 打印技术应用于地形图制作领域，于 2013 年 11 月成功研制出我国第一幅 3D 地形图——《兰州市区三维（3D）地形图》。该地形图制作精度高，周期短，成本低，携带和运输方便，如图 5-7-1 所示。

图 5-7-1　兰州市区 3D 地形图

二、3D 打印战场装备快速修复

　　3D 打印技术在武器装备保障领域有极大的应用前景。美国研制的"移动零件医院"（MPH）已经投入使用。我国西安交通大学、华中科技大学、空军装备部等单位联合研制的战场环境 3D 打印维修保障系统也正在逐步应用于军队。

战场环境 3D 打印维修保障系统的原理是先对需要修复的战损零件进行三维反求测量，解算出修复量后，再利用 3D 打印技术进行打印修复，使其在极短的时间内恢复原有性能并重新投入使用。目前，在战场环境 3D 打印维修保障系统中常见的 3D 打印技术有 3D 激光金属打印技术、3D 金属弧焊打印技术和 3D 高分子材料打印技术。其中，3D 激光金属打印技术具备对精度要求较高的小型零件进行精确修复和直接成形的功能；3D 金属弧焊打印技术具备对装备的大型件零部件的修复或直接成形功能；3D 高分子材料打印技术具备对塑料及橡胶件的直接成形功能。

以齿轮的精确修复为例，首先对待修断齿齿轮进行扫描，获得待修齿轮的点云数据，对点云数据进行处理，解算出缺损齿的 STL 模型数据，如图 5-7-2 所示。

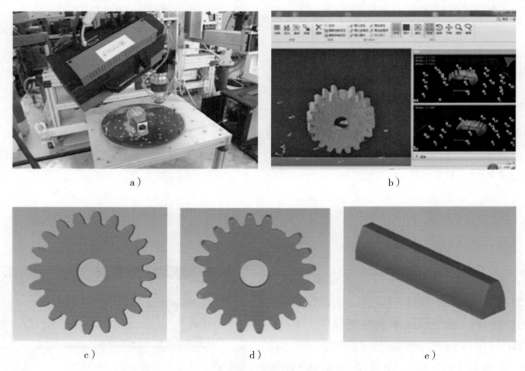

图 5-7-2　齿轮缺损模型 STL 数据的反求

a）扫描过程　b）点云处理过程　c）设计模型　d）测量模型　e）缺损模型

将缺损模型传输给 3D 激光金属打印机进行自动修复。由于激光修复热量输入少，热影响区小，热应力小，修复齿轮变形小，修复结果精度较高，修复完成的模型经过简单打磨即可使用，如图 5-7-3 所示。修复后的力学性能可达原零件的 90% 以上。

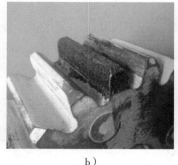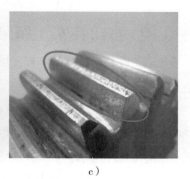

a)　　　　　　　　　　b)　　　　　　　　　　c)

图 5-7-3　3D 打印快速修复

a）3D 打印受损齿轮　b）打印完成　c）轮齿精修

 应用案例

3D 打印榴弹发射器

2017 年 3 月，美国陆军装备研究开发与工程中心对一款 3D 打印的榴弹发射器进行了 15 次测试性发射并取得了成功，如图 5-7-4 所示。

该榴弹发射器除了弹簧和紧固件外，其他零件都通过 3D 金属打印完成，如图 5-7-5 所示。虽然部分零件在打印后需要进行后处理，但其整个制造过程仍然比传统方法快得多。在战场上应用 3D 打印技术，最快能在几小时内完成对武器的修理和改进。

图 5-7-4　3D 打印的榴弹发射器　　　　图 5-7-5　3D 打印的榴弹发射器零件

3D 打印榴弹发射器的整个打印过程几乎没有材料浪费且材料价格便宜，同时打印过程仅需要很少的人工成本。

3D 打印榴弹发射器的成功为未来 3D 打印技术广泛应用于国防带来了希望，同时也为 3D 打印武器新时代的到来铺平了道路。

三、3D 打印在军工领域的应用前景

随着 3D 打印技术的不断发展，预计未来其将在以下几个方面得到广泛的军事应用。

1. 武器装备研制

工程师可以根据实际要求，在武器装备研发时利用 3D 打印技术进行验证和模具制作，同时也能利用 3D 打印技术有效地实现武器结构的轻量化设计。

2. 伪装防护设备制作

在战争中，对于一些战场的伪装防护设备要求其特征与周边背景尽可能一致。利用 3D 打印技术可以根据具体的作战环境需求快速、准确地制作伪装防护设备，使伪装后的作战人员更好地隐蔽起来，以便保护自己。

3. 后勤保障

3D 打印技术的应用将会使战场保障方式发生重大变化。现在的后勤保障主要依托后方的供给，将来的后勤保障可能会变为阵地现场的"DIY"，即在战场上士兵根据自己的实际需要制作物资、食品和药品等。

随着科学技术的进步，相信在不久的将来，3D 打印技术一定能为我国军事实力的腾飞提供有力的保障。

 练习题

3D 打印技术在军工领域有哪些应用？

§5-8 3D 打印与模具制造

3D 打印技术在工业领域的应用除了直接打印金属件和机械验证的模型外，其主要应用领域是模具领域。近年来，随着 3D 打印技术的成熟和发展，以 3D 打印技术为核心的快速模具制造技术被广泛应用（表 5-8-1）。其基本原理是利用 3D 打印技术直接或间接地打印出消失模、聚乙烯模、铸型、型芯和型壳后，结合传统铸造工艺，快捷地铸造金属零件，其工艺流程如图 5-8-1 所示。

▼ 表 5-8-1　3D 打印技术在模具行业的应用

技术名称	材料	应用
3DP 技术	铸造砂	砂模
SLS 技术		
SLA 技术	光敏树脂	熔模铸造
FDM 技术	蜡	
3DP 技术	有机玻璃	
SLS 技术	尼龙	
SLA 技术 + 硅胶	光敏树脂	注塑模具
SLM 技术 + 机加工	金属	金属模具
SLM 技术	金属	随形冷却模具

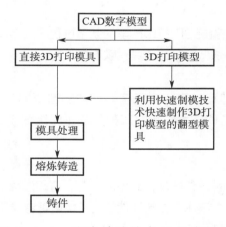

图 5-8-1　快速铸造技术的工艺流程

　　3D 打印技术与铸造工艺的结合，充分发挥了 3D 打印速度快、成本低、可制造任意形状且结构复杂零件的优势。它们的结合扬长避短，使烦琐的设计→修改→再设计→制模的过程得到了极大简化。快速模具制造相比传统模具制造，其优点在于能为新产品开发、试制以及小批量生产提供快速、低成本的模具。目前，3D 打印快速模具制造可分为直接模具制造和间接模具制造两大类。

一、3D 打印与直接模具制造

　　3D 打印直接模具制造主要有直接 3D 打印砂型和直接 3D 打印注塑模具两类。

1. 直接 3D 打印砂型

　　直接 3D 打印砂型就是通过 3D 打印机直接打印出砂型的制造工艺。直接 3D 打印砂型的原理是，喷头在每一层铺好并压实的型砂上分别精确地喷射黏结剂和催化剂，黏结剂和催化剂发生交联反应，在黏结剂和催化剂共同作用的地方型砂被固化在一起，其他地方的型砂仍为颗粒状干砂，固化完一层后工作台下移，再铺好型砂黏结下一层，直到所有的层黏结完成后就可以得到一个三维实体的砂型，如图 5-8-2 所示。

图 5-8-2　3D 打印的砂型

与传统砂型铸造相比，直接 3D 打印砂型的制备过程高度自动化、柔性化、敏捷化，劳动强度也较传统砂型制作方法低，并且还具有以下特点。

（1）节约时间和成本

用 3D 打印技术直接打印砂型，降低了砂型的制造周期和成本。据了解，与传统砂型制作方法相比，用 3D 打印技术直接打印砂型的工时降低了 30%～50%，成本降低了 20%～35%。

（2）一体式制模精度高

直接 3D 打印砂型是一种一体式制作砂型的工艺，打印过程中不必考虑分型面、拔模斜度、型芯、分模、合箱等工艺要求，使得铸件的尺寸精度更容易控制。

（3）可制造复杂曲面铸型

采用传统的方法制作复杂曲面砂型很困难，精度也难以保证，而直接 3D 打印砂型的铸造工艺能够很容易地实现任意复杂曲面的铸型，且精度高。

（4）适合小批量且形状复杂的大中型铸件的铸型

直接 3D 打印砂型最有竞争力的优势在于小批量且形状复杂的大中型铸件的铸型，其制造周期、成本和加工效率都是传统方法无法比拟的。而对于形状简单、大批量生产的小型铸件的铸型，其与传统方法相比优势不明显。

2. 直接 3D 打印注塑模具

塑料产品在正式投入大批量注塑生产之前，常需要生产小批量的注塑件用作产品验证。如果通过金属注塑模具来生产小批量注塑件，则会产生高昂的成本。用 3D 打印的塑料模具进行小批量注塑可以很好地解决这些问题。

直接 3D 打印注塑模具的原理非常简单，就是利用工业级 3D 打印机采用 SLA、SLS 等工艺，直接打印工程塑料、铝（由于价格太高几乎不用钢）、液态硅胶等材料的注塑模具，然后将注塑模具安装在注塑机上进行注塑加工，如图 5-8-3 所示。目前，采用直接 3D 打印注塑模具的方法可以制造 ABS、尼龙、金属（如不锈钢、铝合金及钛合金等）、液态硅胶等材料的零件。

图 5-8-3　3D 打印的注塑模具

无论是模具验证还是注塑件小批量生产，采用直接 3D 打印注塑模具的方法都可以快速打印出所需模具，并且如果模具有问题或者需要修改时能很方便地再次打印，不再像传统模具制作那样花费几个月的时间来加工制造模具。据统计，采用直接 3D 打印注塑模具的方法比采用传统模具制作方法交货期缩短了 80%，成本下降了 75%。直接 3D 打印注塑模具的特点主要有以下几个方面。

（1）适合小批量生产

受 3D 打印模具材料的限制，直接 3D 打印的注塑模具只适用于小批量零件生产。

（2）适合中小尺寸零件生产

由于受到注塑压力、注塑温度、模具强度等条件的限制，目前，采用直接 3D 打印注塑模具的方法能够生产的零件尺寸一般限制在几百毫米以内，这与机械加工模具动辄一两米的尺寸相比显然小很多。

（3）表面质量不高

直接 3D 打印的注塑模具表面有台阶效应，需要进行后处理，同时，直接 3D 打印无法制作小孔、螺纹和精度高的定位孔等，此时仍然需要机械加工。

（4）精度低

尽管当前增材设备精度不断提高，但仍然无法与传统机械加工设备相比。

（5）模具使用寿命短

为保证材料在注塑模具内的流动性，注塑模具常需要加热。使用 3D 打印制造的模具材料一般是光敏或热固性树脂，这些模具材料在高温条件下损毁非常快。经测定，注塑低温材质的模具通常最多能使用 100 次，注塑高温材质的模具仅能生产几个零件。

（6）成本较高

传统注塑模具的制造成本较高，但大批量生产后分摊到每一件上的成本很低。直接 3D

打印注塑模具的原始成本很低，但仅能单件或小批量生产，分摊到每一件上的成本并不低。

总的来说，直接 3D 打印注塑模具只适合于打印模具验证和小批量产品的生产。如果需要模具能长期使用，仍然需要采用模具钢通过机械加工的方式来制作模具。

 应用案例

2017 年，一家法国的航空供应商用 CAD 软件创建了飞机舱门的 3D 数字模型，并利用大型 3D 打印机打印出飞机舱门的模具，再向模具中灌注熔融的铝来完成飞机舱门的制造。与原先的舱门相比，新的舱门质量减轻了 30%，如图 5-8-4 所示。

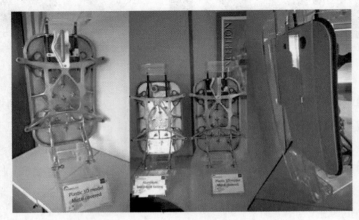

图 5-8-4　采用直接 3D 打印注塑模具的方法制作的铝合金舱门

二、3D 打印与间接模具制造

3D 打印间接模具制造主要有硅橡胶快速制模、金属电弧喷涂快速制模、3D 打印熔模铸造、金属树脂快速制模和等离子喷涂快速制模等。

1. 硅橡胶快速制模

硅橡胶快速制模是快速模具制造技术中非常重要的一种方法。硅橡胶模具由于具有良好的柔性和弹性，对于结构复杂、花纹精细、无拔模斜度或具有倒拔模斜度以及深凹槽的零件，在制件浇注完成后均可直接取出，这是硅橡胶模具相对于其他模具来说具有的独特优点。同时，由于硅橡胶具有耐高温的性能和良好的复制和脱模性，因此，在塑料制件和低合金件的制作中应用广泛。

硅橡胶快速制模的原理是将调配好的双组分（胶料和固化剂混合）液体硅橡胶材料倒入待制作的清洁零件原型上，待硅橡胶自然凝固或经过高温烘烤凝固后用手术刀等工具分开模型、拆除零件原型即可得到硅橡胶模具。由于浇注普通硅橡胶时会产生较多的气泡，从而影响成形品质，因此，通常采用真空浇注法进行浇注。图 5-8-5 所示为采用硅橡胶快速制模技术制作的硅橡胶模具。

图 5-8-5　采用硅橡胶快速制模技术制作的硅橡胶模具

硅橡胶快速制模具有以下特点。

（1）易于操作

在制作硅橡胶模具的过程中，所需要的设备和条件都比较简单，一般仅需要有硅橡胶胶体、固化剂、真空机（泵）、烘干机、模具原型等。

（2）快速性

硅橡胶可以在常温下固化，用硅橡胶制模，少则一天，多则几天便能完成。

（3）耐高温

由于硅橡胶可以耐 200～350℃的高温，所以它可以直接浇注低温合金或金属，如可以直接进行纯锡或锡铅合金的浇注。

（4）成本低

硅橡胶模具的制作周期一般为传统加工方法的 1/10～1/5，而成本仅为其 1/5～1/3。硅橡胶软模比较适合于产品试制和小批量生产。

2. 金属电弧喷涂快速制模

金属电弧喷涂快速制模技术是一种基于电弧喷涂、3D 打印、数控加工和材料科学技术的经济、快速的模具制造工艺，主要用于制作金属冲压模具、热压成形模具以及塑料模具等，目前已经在飞机、汽车、拖拉机、家电、制鞋等行业被广泛应用，是极具发展潜力的一种模具制造新技术。

金属电弧喷涂快速制模的原理是将两根喷涂用金属丝作为自耗性电极，两根金属丝在供丝机构的作用下不断靠近产生电弧，电弧的高温使金属丝熔化，然后用压缩空气流对熔化的喷涂金属进行雾化、喷射和加速，使其以较高的速度均匀地涂覆在原型表面，并形成涂层，最终得到成形的模具。图 5-8-6 所示为采用金属电弧喷涂技术制作的奥迪车门模具。

金属电弧喷涂快速制模具有以下特点。

（1）工艺简单

金属电弧喷涂制作模具的方法比机械加工或电加工成形都简单，尤其是形状复杂、机械加工难以实现的模具型腔，其效果更为明显。

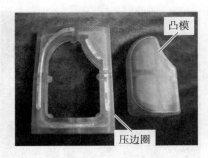

图 5-8-6 采用金属电弧喷涂技术制作的奥迪车门模具

（2）制模周期短

常规的模具加工需要一个很长的加工周期，而采用金属电弧喷涂技术制作模具，只要有了样件，就可以在很短的时间内制作出符合要求的模具。

（3）模具性能好

与非金属材料模具，如金属粉树脂模具相比，喷涂模具的表面硬度、耐磨性等大幅度提高。

（4）成本低

喷涂模具所用的主要材料为喷涂金属丝和基体填充材料。喷涂金属丝用量很少，只有薄薄的一层，所占模具费用比例小。在实际生产中，喷涂模具制造成本仅是用机床加工的1/10、铸造的 1/2，且不需要价格昂贵、复杂的机加工设备。

（5）应用范围广

电弧喷涂覆型性好，适用于各种原型材料，如金属、木材、蜡及环氧树脂等；制模精度高；热扭曲或热收缩问题不明显；喷涂时原型表面温度一般不超过 60℃；原型尺寸不受限制，从数平方毫米到数平方米的原型零件都可以进行喷涂。金属电弧喷涂快速制模是一种典型的快速制模技术，它具有制模工艺简单、制作周期短、模具成本低等显著特点，特别适用于小批量、多品种的生产使用。

3. 3D 打印熔模铸造

熔模铸造又称为失蜡铸造，主要应用于首饰、牙科、发动机制造等行业。3D 打印熔模铸造是用 3D 打印机直接打印熔蜡模型，将制作好的熔蜡模型使用耐高温的壳层材料进行包覆，在高温环境中壳层内部的熔蜡经熔化、挥发后剩余的空壳即为型壳，型壳被灌注熔融金属材料后可得到和打印模型相同造型的金属工件。图 5-8-7 所示为采用 3D 打印熔模铸造技术制作的蜡型和工件。

与传统的熔模铸造相比，3D 打印熔模铸造具有以下特点。

（1）速度快

3D 打印蜡模进行熔模铸造，相比传统手工制作蜡模的速度快。

（2）精度高

相对手工制作蜡模，3D 打印制作蜡模的精度更高。

a）　　　　　　　　　　　　　b）

图 5-8-7　采用 3D 打印熔模铸造技术制作的蜡型和工件

a）蜡型　b）工件

（3）一致性好

3D 打印制作蜡模可以无限复制，并且每一个蜡型在精度范围内完全一致。人为因素对加工过程基本没有影响，加工精度稳定。

（4）适合多品种、小批量生产

3D 打印制作蜡模的过程基本不需要工装夹具，即使加工形状复杂的零件也不例外，如要改变蜡型，仅需修改蜡型的三维数据即可，适用于新产品研制和改型。

此外，传统手工雕刻蜡型对于镂空、中空等复杂型面的蜡型，有时需要拼接蜡型才能完成，3D 打印蜡模无论其形状有多复杂，都无须拼接就能打印成形，这也是 3D 打印蜡模广泛应用于熔模铸造的原因之一。

4. 金属树脂快速制模

金属树脂快速制模的原理是采用环氧树脂作为模具的主要材料，以 3D 打印技术得到的原型为母模，在原型表面涂一层环氧树脂，再在已经涂好的环氧树脂背面填充混有金属粉（如铝粉、铁粉、铜粉）的环氧树脂作为背衬，待环氧树脂固化后即可脱模，脱模后就可以得到金属基体的环氧树脂模。金属树脂快速制模所制作的模具主要适合作为注塑模。图 5-8-8 所示为采用金属树脂快速制模技术制作的模具和产品。

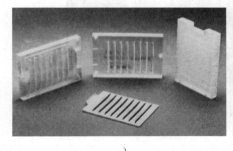 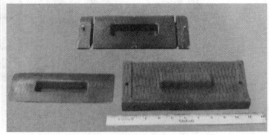

a）　　　　　　　　　　　　　　b）

图 5-8-8　采用金属树脂快速制模技术制作的模具和产品

a）模具　b）产品

目前，3D 打印金属树脂快速制模被广泛应用于制鞋、家电、日用品制作等领域，它除了具有工艺简单、制作周期短和成本低等特点外，还具有以下特点。

（1）制作方便

金属树脂模具制作简单，制模过程一般都能手工完成，特别是以 3D 打印技术得到的原型为母模后，使得金属树脂模具制作更加方便。

（2）热传导率高

金属树脂模具背衬内的金属能有效地将热量传输出去，相比全树脂模具的热传导率更高，有利于模具散热和缩短开模时间。

（3）强度高

金属树脂快速制模的背衬材料为金属基体的树脂，因此，模具具有较高强度，理论上金属树脂模具可以替代铝合金模具。

（4）适合中小批量生产

一般金属树脂模具的使用寿命为 500~2 000 件，仅适合于中小批量生产。

5. 等离子喷涂快速制模

等离子喷涂的原理为喷枪的钨电极与直流电源的负极相连，水冷紫铜喷嘴与直流电源的正极相连，工作气体通过气路系统进入喷枪，金属或非金属（如陶瓷）粉末状喷涂材料借助送粉气流（一般用氩气或氮气）进入喷枪。工作时，在钨电极和喷嘴之间的工作气体被电离，产生高温等离子弧（其中的正、负离子数相等），从而熔化粉末，并使其跟随高速火焰流喷射到需喷涂的 3D 打印模型表面形成涂层（涂层的厚度一般大于 2 mm），再在涂层背后做好背衬材料和预埋冷却水道，当背衬材料冷却后将 3D 打印的原型去除，即可得到等离子喷涂模。图 5-8-9 所示为采用等离子喷涂快速制模技术制作的模具。

图 5-8-9　采用等离子喷涂快速制模技术制作的模具

采用等离子喷涂法可快速制造型腔具有复杂精密结构的模具，该工艺特别适合小批量生产，工艺简单，成本低，是很有发展前途的新型制模方法。该方法具有以下特点。

（1）表面质量好

等离子弧的温度可达万数量级摄氏度，能量高度集中，可以喷涂金属粉末、陶瓷粉末、金属与陶瓷的复合粉末，制作的模具型腔表面质量优良。

（2）可制作复杂结构的模具

由于等离子弧的流速大，粉末颗粒能获得较大动能，涂层致密性较好，可以制作型腔带有精密表面图案的模具。

（3）喷涂材料质量稳定

等离子弧的气氛可控，可使用还原性气体和惰性气体作为工作气体，这样就能比较可靠地保护喷涂材料不被氧化。

（4）使用寿命长

等离子喷涂可以制作不锈钢涂层等难加工材料的涂层，这样制作的模具表面硬度高、质量好、经济耐用，使用寿命甚至接近金属模具。

三、3D 打印在模具制造领域的应用前景

近年来，随着 3D 打印技术在模具领域的成熟应用，3D 打印技术为模具设计和制造提供高效率、低成本的支持。未来，3D 打印技术在模具制造领域的发展趋势主要有以下几个方面。

1. 在生产应用中，模具要耐磨损，而且要经济实惠。3D 打印技术制作的模具普遍在耐用度上不如传统模具，还需要提高模具耐用性。

2. 3D 打印技术制作模具在工艺流程上比传统模具制作的工艺流程短，所以制作周期短，但就 3D 打印本身的成形过程来讲，成形时间还是较长，还需要加快 3D 打印在模具生产中的成形速度。

3. 影响 3D 打印模具精度的因素有很多，如 3D 打印机的精度、所选材料的好坏、3D 模型图的精度等都决定了最终生产的产品精度，但目前 3D 打印模具的精度相比传统模具的精度还是差很多，所以急需提高模具的打印精度。

4. 3D 打印模具大批量生产经济性差，单件和小批量生产经济性好。提高大批量生产的经济性也是 3D 打印模具的发展方向。

与传统的制造技术相比，快速成形制造技术在模具制造中具有多方面的优势，但目前由于该技术的成本还比较高，加之制件的精度、强度和耐用性等还不能完全满足用户的要求，因此，快速成形制造技术在模具领域的应用还有一些亟待解决的问题，但其一定会成为未来模具的重要发展方向之一。

扩展阅读

3D 打印随形冷却流道

在塑料注塑产品的生产中，如何快速、高效地冷却塑料产品，一直是注塑模具制造

的难题。传统模具采用直线冷却流道，流道与轮廓表面的距离不一致，冷却效率低。不仅如此，传统模具的直线冷却流道多采用交叉钻孔的方式制作，在复杂的情况下，为了预留冷却通道的加工，模具还需要被切分成几个部分制造后再拼接成一整块模具，这就导致了额外的加工和装配，并且缩短了模具的使用寿命。

3D 打印制造模具的冷却流道形状根据产品轮廓的变化而变化，并与模具型腔表面的距离一致，这种流道称为随形流道。随形流道靠近冷却表面，表面越光滑，流量和流速越快，从而有效提高了冷却效率、冷却的均匀性和产品质量。传统冷却流道与随形冷却流道的对比如图 5-8-10 所示。

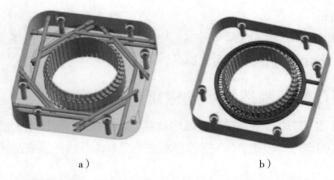

a) b)

图 5-8-10 传统冷却流道与随形冷却流道的对比
a）传统冷却流道 b）随形冷却流道

 练习题

3D 打印技术在模具制造领域有哪些应用？

第六章

3D 打印的未来发展

✎ **学习目标**

1. 了解 3D 打印的发展方向和趋势。
2. 了解 3D 打印的国家相关政策。
3. 了解 3D 打印的就业岗位及相关能力要求。
4. 了解 3D 打印从业人员的基本职业素质。

§6-1　3D 打印的发展方向

未来 3D 打印技术的发展，主要有三个发展方向，分别是自由创造新形状、自由创造新材料和创造活性物质与功能系统，即创形、创材和创生三个方向。

一、创形

1. 3D 打印创形的发展现状

3D 打印技术的出现，开辟了不用刀具、模具等传统设备而制造任意复杂形状零件的新途径，颠覆了传统的减材加工方式。用 3D 打印来制造个性化需求高或难以用传统加工方法加工的复杂零部件，不仅能够方便、快捷、高效、低成本地完成加工，还能够创新设计零部件，使得材料最省、功能更完善。虽然 3D 打印技术尚在研究和发展阶段，但是以其发展的速度和目前世界先进制造的趋势，3D 打印技术势必成为未来加工制造的重要工艺技术。

2. 3D 打印创形的发展方向

（1）增强产品强度

目前，3D 打印技术主要用于制作非金属产品，由于其强度等力学性能较差，远不能满足实际需求。且与传统减材制造方式相比，3D 打印制造的零件较脆弱，强度不高，拉伸性能差。

（2）提高产品精度

3D 打印制造的产品可以自由成形，但其精度还有待提高。目前，3D 打印技术的成形精度为 0.1 mm 数量级，表面质量较差，有待进一步提高。

3D 打印技术的误差主要来源于数学误差、与工艺有关的误差和与材料有关的误差。数学误差包括对零件表面形状的近似、沿叠层方向上有限数目的分层而导致的阶梯状台阶痕。与工艺有关的误差影响 XY 平面和 Z 轴方向上的片层形状，这些误差主要取决于 3D 制造设备的精度及操作者的经验。与材料有关的误差主要是收缩、翘曲，收缩是材料固化（冷却）时产生的，可以通过补偿 CAD 模型以修正收缩误差。另外，由于收缩引起的内应力会导致零件变形和翘曲。减少收缩变形的措施有选择合适的制造控制系统、开发或探索收缩率小的或不产生内应力的材料等。这些措施的研究需要研究者深刻了解材料性能及所采用工艺的特点，以期使 3D 打印制造与传统加工制造加工的精度一致。

（3）提升设计平台

基于 3D 打印民用化普及的趋势，3D 打印的设计平台需要从专业设计软件向简单设计应用发展，微软、谷歌以及其他软件行业巨头相继推出了基于各种开放平台的 3D 打印软件，大大降低了 3D 打印设计的门槛。但是这些软件的设计精度和难度目前仅停留在简单操作层面，其成形精度和实际应用效果较差，要想 3D 打印技术得以大范围的普及和发展，更简单，更便捷、高效的设计平台亟待开发。

（4）提高加工效率

3D 打印进入制造业已经有一段时间，但相对传统加工，其加工效率低，很难适合工厂的大批量生产。因此，提高 3D 打印的效率也是未来 3D 打印技术的发展方向。

（5）提高数据优化处理能力

快速成形数据处理技术主要是将三维 CAD 模型转存为 STL 格式文件，产品的形状越复杂，产生的缺陷越多，处理的难度越大。这就要求操作者有较高的技术水平，能根据产品的不同形状处理这些缺陷，这些缺陷是否得到妥善处理决定着模型能否打印成功。因此，提高数据优化处理能力也是目前急需解决的问题。

二、创材

3D 打印材料是 3D 打印技术发展的重要物质基础。在某种程度上，材料的发展决定着 3D 打印能否有更广泛的应用。

1. 3D 打印材料的应用现状

近年来，3D 打印技术得到了快速发展，其实际应用领域逐渐增多。但 3D 打印材料的供给形势并不乐观，这成为制约 3D 打印产业发展的瓶颈，具体体现在以下几个方面。

（1）材料成本高

虽然 3D 打印在制作上和传统工艺相比更先进、更快速，它从无到有的增材制造模式能够大大降低对材料的浪费，使得生产变得更节约、更环保，但是在某些领域中，3D 打印耗材还处于研发的初期阶段，由于研发成本高和技术不成熟，导致这些材料的成本居高不下，影响了 3D 打印技术的进一步发展。

（2）应用领域不全

虽然 3D 打印技术在航空、食品、服饰、建筑、医疗等很多行业有所发展，但是在很多领域上的应用却仍处于刚刚起步甚至空白的阶段。虽然在行业的大分类下，3D 打印技术应用的占有率是较高的，但是当把行业细分时，3D 打印技术的应用领域仍有很多空白。因此，3D 打印技术仍然处于一个急需发展的阶段，它的成熟应用只限于某些行业。

（3）性能难以达标

目前，市场上较为常见的 3D 打印技术主要有挤出成形技术、粒状物料成形技术和光聚合成形技术，而材料为了配合制造技术，它的形态也大多为液体状、丝状、条状、粉末状等。虽然已经有很多成功的 3D 打印案例，而且具有很好的功能性，但是 3D 打印确实也存在着许多问题。例如，由于打印材料的性能不够高或设备与材料不匹配，导致生产出来的 3D 打印产品与原设计预想差别较大，也就是说 3D 打印材料的性能无法达到设计目的而导致产品缺陷。

（4）材料种类稀缺

急需加强 3D 打印材料的基础研究，包括 3D 打印材料的成分和形态、3D 打印材料的工艺特性、3D 打印件的材料组织形成规律与控制方法等。目前，3D 打印材料的种类已经发展到一百多种，但是和各行各业的材料相比，还是微不足道的。材料的稀缺导致 3D 打印技术在很多行业得不到更广泛的推广，也造成了 3D 打印产品难以满足人们不断增加的需求。因此，急需相关企业大力研发出更多材料来满足市场的需求。

（5）缺乏质量控制标准

目前，3D 打印材料没有一个系列化的 3D 打印材料标准，包括各种非金属材料和金属合金牌号系列等。因此，急需建立一套完善的 3D 打印材料缺陷检测方法与质量控制标准，以促进 3D 打印材料的发展并形成产业化能力。

2. 3D 打印材料的发展方向

（1）高性能的 3D 打印金属材料将成为技术制高点

高性能、难加工的金属大型复杂构件的激光直接制造有很多优势，一方面，高性能金属构件直接制造技术与适宜的材料配合可以显著提高材料的利用率，降低制造成本，避免材料浪费，节省生产时间；另一方面，高性能金属构件直接制造技术可以制造出用传统制造方法无法获得的构件形状，力学性能也较好，还能实现多材料复合成形。与此同时，用于高性能金属构件直接制造的特种粉体材料将是该技术发展的基础与保障。

3D 打印金属粉末不同于传统的粉末冶金需要的粉末特性，不仅要求粉末的纯度高，氧含量低，而且要求粉末的球形度高，具有良好的流动性和铺粉均匀性。目前，3D 打印金属粉末的主要制备方法是气雾化法。粉末的粒径越大，球化现象越严重；粒径越小，表面光度越高，但会造成粉末团聚，流动性差。所以 3D 打印必须选择合适的粒径范围，以达到精度和流动性的统一。同样，球形度越好，流动性越好，制作的 3D 构件密度越高。

目前，我国 3D 打印的材料有很多还依赖进口，这也是 3D 打印成本较高的原因，未来应适当增加 3D 打印相关技术的研发投入。

（2）提高 3D 打印用耗材生产通用化和专业化水平

目前，3D 打印只能采用单一耗材进行打印，并且不同的打印设备对应不同的打印材料，未来的发展趋势是实现多耗材打印，一方面，打印材料通用化，同一种材料可以适用于不同的打印设备；另一方面，打印设备对材料的选择性也应更大，可实现多种材料同时打印，增强设备的兼容性。

（3）提高智能材料的应用水平

智能材料结构又称机敏结构，在外界环境如电磁场、温度场、湿度、光、pH 值等的刺激下，其结构可将传感、控制和驱动三种功能集于一身，能够做出相应的反应。智能材料分类方式很多，根据功能及组成成分的不同，可大体分为电活性聚合物、形状记忆材料、压电材料、电磁流变体、磁致伸缩材料等。智能材料结构在众多领域有着重要应用，如航空航天飞行器、智能机器人、生物医疗器械、能量回收、结构健康监测、减振降噪等领域。然而，由于智能材料制造工艺的复杂性，传统的智能材料制造方法只能制造简单形状的智能材料结构，难以制造复杂形状的智能材料结构，严重限制了智能材料结构的发展与应用。

增材制造技术可以制造出任意复杂形状的三维实体，最近发展的智能材料 3D 打印技术使制造任意复杂形状的智能材料结构成为可能。4D 打印技术是将 3D 打印技术与智能材料结构结合起来，智能材料结构以 3D 打印为基础在外界环境如电磁场、温度场、湿度、光、pH 值等的激励下随着时间实现自身的变化。用 3D 打印技术打印成形的智能材料结构具有模仿生物体的自增殖性、自修复性、自诊断性、自学习性和环境适应性。

三、创生

3D 生物打印技术（3D Bioprinting）是 3D 打印技术（即增材制造）的重要分支，是指按照增材制造原理，实现生物材料和"生物墨水"受控累积组装，从而制造医疗器械或辅助器具、组织工程支架、组织和器官甚至生命体等的快速成形技术。几十年来，随着 3D 生物打印技术的进步与成熟，利用其在生物医疗领域已成功打印了体外模型、手术导板、骨骼、牙齿、气管、血管、汗腺，甚至肝、肾、心脏单元等，较好地模拟了人体结构、环境与功能，并朝着微环境、微结构、微循环和系统统一、协调的方向发展。

1. 3D 生物打印技术的应用现状

3D 生物打印技术可实现个性化、非均质的复杂生物结构成形制造，可应用于体外医学仿生模型、个性化植入物、组织工程多孔支架以及细胞三维结构体的制造或构建过程，并在个性化诊断与治疗、定制医疗器械、再生医学治疗以及病理 / 药理研究、药物开发和生物制药等领域发挥重要作用。

（1）应用层级

根据材料的生物学性能和是否植入体内，清华大学生物制造中心将 3D 生物打印技术分为 5 个应用层级，并被业内广泛接受。

第一应用层级是无须考虑生物相容性的非体内植入物，用于 3D 打印成形个性化医疗器械和生理 / 病理模型，主要应用于术前规划、假肢定制等领域。第二应用层级是具有良好生物相容性的永久植入物的制造，应用领域包括人造骨骼、非降解骨钉、人工外耳、牙齿等。第三应用层级是具有良好生物相容性和可降解性的组织工程支架的制造。组织工程支架不仅需要具有良好的生物相容性，能够支持甚至促进种子细胞的增殖分化和功能表达，同时支架材料需要适当的降解速率，在新的组织结构生成后，支架降解为可被体内完全吸收或排除的物质，应用领域包括可降解的血管支架等。第四应用层级是细胞 3D 打印技术，用于构建体外生物结构体。将细胞、蛋白及其他具有生物活性的材料作为 3D 打印的基本单元，以离散堆积的方式直接进行细胞打印，以此构建体外生物结构体、组织和器官模型。第五应用层级是体外生命系统工程。通过对干细胞、微组织、微器官的研究，建立体外生命系统、微生理组织等。体外生命系统工程的研究不仅使生物制造学科拓展到复杂体外生命系统和生命机械的构建及制造，也使细胞 3D 打印、微纳技术、微流控芯片技术、干细胞技术和材料工程技术等诸多学科进一步融合。

（2）应用领域

目前，3D 生物打印技术在前两个应用层级获得了一定应用。在术前规划领域，3D 生物打印技术已经帮助众多医生进行了手术模拟，提升了手术效率和治疗的成功率。至 2017 年，湖南华曙高科技术有限责任公司（以下简称"华曙高科"）与中南大学湘雅医院、长沙市第三医院合作，已利用 3D 打印技术成功实施术前规划、手术模拟等患者辅助临床治疗 2 000 多例，手术时间可节约 1/3 以上，相关应用技术已处于国内领先水平。

在体外医疗器械领域，3D 打印个性化手术导板的应用提高了治疗成功率和手术精度，个性化矫形器械提升了矫正的效果。中南大学湘雅医院借助华曙高科的 3D 打印髋关节模型和髋关节截骨导板，成功实施了 40 多例髋关节置换手术，摆脱了该类手术对医生临床经验的高度依赖，治疗成功率达到 100%。在牙科领域，3D 打印义齿实现了精准种植，个性化矫正牙套提高了矫正的精度和牙套的美观度。上海正雅齿科科技有限公司利用上海联泰科技有限公司的 SLA 设备，为数万名患者提供了高效率、高精度的 3D 打印隐形牙套定制服务。在骨科领域，骨骼修复技术已趋于成熟，并在各大骨科医院获得普及。西安铂力特激光成形技术有限公司生产的钛合金肱骨、肋骨、关节补片等体内植入物成功应用于临床，术后患者恢复情况良好。

对于后三个层级的应用，是未来 3D 生物打印技术的发展方向和趋势。清华大学生物制造中心率先在国内开展相关研究工作，并取得了一系列成果：针对关节软骨损伤治疗，基于低温沉积三维制造的骨软骨一体化支架在山羊体内进行了 6 个月的动物实验，修复效果良好；基于 RP 溶芯—涂覆工艺，实现了多层、多分支血管支架的成形；可降解冠状动脉支架的 3D 打印技术实现了血管支架的个性化定制。与此同时，商业化 3D 生物打印公司也推出了相关产品。2014 年，美国 Organovo 公司宣布通过 3D 生物打印的肝脏进入上市前的临床试验，并计划向医药公司出售 3D 打印肝脏。杭州捷诺飞生物科技股份有限公司 3D 打印的肝单元组织制品 Regen-3D-liver，已经被德国 Merck 公司等制药商用于药物临床前筛选。

2. 3D 生物打印技术的发展方向

随着 3D 生物打印技术的发展和学科的进一步交叉融合，有可能在体外生命系统工程领域（即生物制造的第五层级）产生革命性的突破。从技术发展趋势来看，3D 生物打印技术奠定了制造学从使用单一结构材料到使用功能材料、生物材料和生命材料学科拓展延伸的科学基础；干细胞技术和生物 / 生命材料的发展提供了必要的 3D 生物打印基础材料；细胞 3D 打印提供了核心制造手段（打印高级生物学模型，编码生物学模型等）；微纳技术、微流控芯片技术的集成可以制造高级仿生生物反应器，用于培养生命系统和生命机械装置。

（1）3D 打印干细胞和器官

基于 3D 生物打印技术，利用胚胎干细胞、诱导性多能干细胞、新型生物墨水等细胞和生物活性材料，构建心脏、肝脏、胰腺、子宫、肺等大型功能性组织和器官，是目前研究的前沿和热点。这项技术为制造复杂组织结构来模拟病理微环境带来了新的契机。未来有可能为再生医学、肿瘤治疗研究、新药研发等领域带来革命性的影响。

（2）3D 打印体外微生理系统

体外三维组织 / 器官编码模型及体外微生理系统是一个新兴的研究理念和方向，可更好地提高药物测试的准确性，缩短药物开发周期。该技术基于 3D 打印技术、微制造技术等，利用生物微流体技术在芯片上模拟器官的活动和生理学特性。微流体技术不同程度地实现了心脏、肝脏、肺等系统的体外模拟。器官芯片和类人芯片从根本上改变了药物检测的手段，并为新药研发带来了颠覆性的变革，成为癌症、肿瘤等疾病研究新的手段和治疗方法。例如，新加坡国立大学建立了用于人体药物测试的多通道三维微流体系统。该系统同时在一个芯片内模拟肝、肺、肾和脂肪 4 种组织，研究发现该系统呈现出与单独培养这些组织时不同的特征，并更贴近于体内真实情况。可见，体外微生理系统可更真实地模拟体内环境，将来可成为动物实验的有效替代手段。

练习题

1. 未来 3D 打印技术的发展，主要有_____、_____和_____三个发展方向。

2. 现阶段的 3D 打印材料有哪些不足？

3. 清华大学生物制造中心将 3D 生物打印技术分为哪 5 个应用层级？

§6-2　3D 打印的发展趋势

一、发展趋势

1. 建模方式更加快捷、简单

目前，不论采用哪种 3D 打印技术，基本都是用的 STL 格式文件。国际上还存在一种 AMF 格式的 3D 打印文件，和 STL 文件相比增加了模型的材质、纹理、颜色等信息。随着 3D 彩色打印成为主流，这种文件格式会逐步取代 STL。

3D 打印如何建模，其实质就是如何获得 STL 文件。随着建模软件和 3D 打印技术使用人群的社会化，3D 建模软件也将更加人性化、简单化，人们获得可打印数据的渠道和方式也将更广。

2. 打印质量逐步提升

3D 打印技术诞生至今，在打印材料、精度、速度等方面都有了较大幅度的提高。目前，3D 打印技术已经能够在 0.01 mm 的单层厚度上实现 600 dpi 的精细分辨率。在打印材料上，可选用的材料种类也越来越丰富，从高分子材料到金属、石料均可。以生物细胞为材料可打印器官、骨骼；以沙子为材料可打印建筑结构；以玻璃为材料可打印玻璃制品；以金属为材料可打印机械零件等。打印速度方面，竖直方向的速度可达到 25.4 mm/h 以上。UNC-Chapel Hill 的研究人员在《科学》（Science）杂志上介绍了一种名为 CLIP 的新工艺，该工艺可以大大提升打印速度，把数小时的打印时间缩短为几分钟，是普通 3D 打印的几十倍。随着智能制造逐步发展成熟，3D 打印的成形质量必将取得更快的发展。

3. 在线定制化服务

随着经济的发展，人们对个性化的需求越来越高，因此，在线定制化服务应运而生。从 2018 年起，新购买和已购买 MINI 的车主可以通过专用的在线配置程序来设计自己的内外饰配件，包括 3D 打印的仪表盘、侧面指示灯等。设计要求提交之后，车主定制的零部件将在四周内完成交付，所有定制的零部件将由德国宝马汽车公司在慕尼黑完成，然后发送到 MINI。每个零部件都将经过严格的碰撞和持久测试。

4. 3D 打印与传统加工工艺相结合

3D 打印技术应用于工业所必须应对的挑战之一便是其与常规制造工艺截然不同的产品设计方式。常规设计方式以工艺制造为导向，设计出精确定义的几何形状。与之相反，3D 打印设计则采用结合了多面体的层面数据来设计任意造型的物体。因此，3D 打印设计的精度较低，这抵消了其在设计自由上的优势。

针对这一点，德国西门子公司已研发出名为"融合建模"的全新系统，该系统在一个软件解决方案中完成了增材制造与常规制造的结合。融合建模现已成为 UG 软件的一部分。产品研发人员可以利用其熟悉的 CAD 软件来设计面向 3D 打印的产品，而不必转换数据。这个新系统可确保所有与产品相关的信息都被无缝追踪。

5. 全彩色打印逐渐成熟

3D 打印改变了人们设计和制造作品的方式，打印机可以完美地打印任何形状的作品，唯一的困难就是颜色控制。传统的 3D 打印机只能打印出单色的作品，虽然不局限于黑白，但却只能选用一种颜色。也有部分 3D 打印机能进行多色打印，但却存在构造粗糙、分辨率低、质感差等问题。一般来说，3D 打印的原理是将塑料高温熔化后逐层打印上去，难以控制每一层上不同区域的颜色，而传统打印机是由一个个像素点构成的，如果 3D 打印也由一个个"体素"构成，就可以精确控制颜色了。

德国计算机图形研究所在彩色 3D 打印的研究中取得了重大突破，该研究所通过两种技术解决了以上问题。第一种是半色调的二维打印技术，该技术可以近似地看作一种三维技术，利用不同大小和间距的点替代连续的色调和颜色。第二种是计算物体表面颜色的方法，该方法需综合考虑光线透过体素时将发生的散射等现象。未来该研究所还要继续研究混合半透明和不透明油墨的技术，这样就可以打印出逼真的色彩效果了。

随着 3D 打印技术的发展，未来将逐步解决全彩色打印的颜色和精度问题。除了研究全彩色打印模式外，也可在材料上发展 CMYK 四色和白色打印材料、软胶、硬树脂、透明与半透明多种 3D 打印材料一次性混合打印成形的技术。通过色彩及质感的双重构建，3D 打印的作品不仅具有无与伦比的真实美感，而且可以制作非常精细、精美的模型和部件，甚至无须上色、打磨、装配等后处理工艺。

二、国家增材制造相关政策

1.《国家增材制造产业发展推进计划（2015—2016 年）》

2015 年 2 月 11 日工信部联装（2015）53 号文件《国家增材制造产业发展推进计划（2015—2016 年）》中指出：该计划是为了专门落实国务院关于发展战略性新兴产业的决策部署，抢抓新一轮科技革命和产业变革的重大机遇，加快推进我国增材制造（又称"3D 打印"）产业健康有序发展而制订的。增材制造是以数字模型为基础，将材料逐层堆积制造出实体物品的新兴制造技术，体现了信息网络技术与先进材料技术、数字制造技术的密切结合，是先进制造业的重要组成部分。当前，增材制造技术已经从研发转向产业化应用，其与信息网络技术的深度融合，或将给传统制造业带来变革性影响。加快增材制造技术发展，尽快形成产业规模，对于推进我国制造业转型升级具有重要意义。

该计划的发展目标：到 2016 年，初步建立较为完善的增材制造产业体系，整体技术水平保持与国际同步，在航空航天等直接制造领域达到国际先进水平，在国际市场上占有较大的市场份额。

2.《国务院关于印发〈中国制造 2025〉的通知》

2015 年 5 月 8 日国发（2015）28 号文件《国务院关于印发 < 中国制造 2025> 的通知》中提到：全球制造业格局面临重大调整。新一代信息技术与制造业深度融合，正在引发影响深远的产业变革，形成新的生产方式、产业形态、商业模式和经济增长点。各国都在加大科技创新力度，推动三维（3D）打印、移动互联网、云计算、大数据、生物工程、新能源、新材料等领域取得新突破。

3D 打印在所有技术领域被列为第一位。

3.《国务院关于印发"十三五"国家战略性新兴产业发展规划的通知》

2016 年 11 月 29 日国发（2016）67 号文件《国务院关于印发"十三五"国家战略性新兴产业发展规划的通知》中明确指出：未来 5 到 10 年，是全球新一轮科技革命和产业变革从蓄势待发到群体迸发的关键时期。信息革命进程持续快速演进，物联网、云计算、大数据、人工智能等技术广泛渗透于经济社会各个领域，信息经济繁荣程度成为国家实力的重要标志。增材制造（3D 打印）、机器人与智能制造、超材料与纳米材料等领域技术不断取得重大突破，推动传统工业体系分化变革，将重塑制造业国际分工格局。

4.《增材制造产业发展行动计划（2017—2020 年）》

2017 年 11 月 30 日工信部联装（2017）311 号文件《增材制造产业发展行动计划（2017—2020 年）》指出：当前，全球范围内新一轮科技革命与产业革命正在萌发，世界各国纷纷将增材制造作为未来产业发展新增长点，推动增材制造技术与信息网络技术、新材料技术、新设计理念的加速融合。全球制造、消费模式开始重塑，增材制造产业将迎来巨大的发展机遇。与发达国家相比，我国增材制造产业尚存在关键技术滞后、创新能力不足、高端装备及零部件质量可靠性有待提升、应用广度和深度有待提高等问题。为有效衔接《国家增材制造产业发展推进计划（2015—2016 年）》，应对增材制造产业发展新形势、新机遇、新需求，推进我国增材制造产业快速、健康、持续发展，特制订本计划。

该计划的发展目标：到 2020 年，增材制造产业年销售收入超过 200 亿元，年均增速在 30% 以上。关键核心技术达到国际同步发展水平，工艺装备基本满足行业应用需求，生态体系建设显著完善，在部分领域实现规模化应用，国际发展能力明显提升。具体表现为：

（1）技术水平明显提高

突破 100 种以上重点行业应用急需的工艺装备、核心器件及专用材料，大幅提升增材制造产品质量及供给能力。专用材料、工艺装备等产业链重要环节关键核心技术与国际同步发展，部分领域达到国际先进水平。

（2）行业应用显著深化

开展 100 个以上应用范围较广、实施效果显著的试点示范项目，培育一批创新能力突出、特色鲜明的示范企业和园区，推动增材制造在航空、航天、船舶、汽车、医疗、文化、

教育等领域实现规模化应用。

（3）生态体系基本完善

培育形成从材料、工艺、软件、核心器件到装备的完整增材制造产业链，涵盖计量、标准、检测、认证等在内的增材制造生态体系。建成一批公共服务平台，形成若干产业集聚区。

（4）全球布局初步实现

统筹利用国际国内两种资源，形成从技术研发、生产制造、资本运作、市场营销到品牌塑造等多元化、深层次的合作模式，培育2~3家及以上具有较强国际竞争力的龙头企业，打造2~3个具有国际影响力的知名品牌，推动一批技术、装备、产品、标准成功走向国际市场。

 练习题

1. 3D 打印技术未来的发展趋势是什么？

2. 目前国家针对 3D 打印技术的发展出台了哪些相关政策？

§6-3 3D 打印的就业岗位

一、3D 打印的就业岗位

3D 打印从一开始应用于工业模具制造中就产生了许多相关的工作岗位，后来随着 3D 打印技术的不断普及，产生了越来越多的新岗位。从 3D 打印设备研发层面来讲，需要 3D 打印研发工程师岗位；从 3D 打印模型设计层面来讲，需要模型设计师和逆向造型设计师岗位；从生产和制造层面来讲，需要 3D 打印操作工程师、3D 打印质检工程师、3D 打印后处理工程师和 3D 打印维护工程师岗位；从 3D 打印售后和销售层面来讲，需要 3D 打印销售人员和 3D 打印网店或实体店经营人员岗位。下面简要介绍 3D 打印相关工作岗位和工作内容。

1. 3D 打印设备研发岗位

3D 打印研发工程师岗位主要的工作内容是根据企业或客户的要求，制订和参与企业产品开发计划，参与 3D 打印设备的系统研发工作，对新的研发设备进行调试，对原有的产品功能进行优化和对新入职技术人员进行培训，具体见表6-3-1。

▼ 表 6-3-1　3D 打印研发工程师岗位的工作内容

序号	工作内容	工作内容描述
1	3D 打印设备开发	（1）积极关注行业发展动态，积累设计素材 （2）广泛开展市场调研，收集相关技术及产品信息 （3）负责产品系统设计、概要设计及详细设计并撰写设计说明书 （4）产品核心及模块开发工作 （5）新方法与新技术研制 （6）对开发产品进行内部验收
2	产品性能测试	（1）对研发的 3D 打印设备进行单元测试 （2）协助测试人员进行模块测试 （3）协助测试人员进行系统测试 （4）做好相应的测试记录并及时反馈
3	3D 打印设备功能优化	（1）对原有产品出现的问题进行解答 （2）找出解决产品不足或产品缺陷的方法 （3）不断升级原有产品并提出新的设计研发方案
4	其他	（1）完成产品相关技术文档的管理工作 （2）对技术人员进行相关技术培训 （3）其他研发相关工作

2. 3D 打印模型设计岗位

（1）3D 打印模型设计师岗位

3D 打印模型设计师岗位主要的工作内容是根据企业产品开发计划，参与产品的模型设计，收集行业产品设计信息并对产品设计提供信息支持，具体见表 6-3-2。

▼ 表 6-3-2　3D 打印模型设计师岗位的工作内容

序号	工作内容	工作内容描述
1	产品设计	（1）积极关注行业发展动态，积累设计素材 （2）广泛开展市场调研，收集相关技术及产品信息 （3）参与产品开发，根据产品开发计划实施产品设计 （4）为产品的可行性分析提供产品工业设计的意见 （5）产品效果图制作及其他图文处理 （6）参与产品开发的样品生产及其他图文处理 （7）参与产品设计的技术评审及鉴定
2	模型的计算机处理	（1）使用计算机及相关软件将 3D 模型信息转化成 STL 文件 （2）使用计算机对 STL 文件中存在的缺陷数据进行模型修正 （3）使用合适的软件进行切片处理、生成 Gcode 代码指令并正确输出 （4）针对不同的打印机硬件、打印材料和打印需求设置不同的打印参数，利用指令数据正确打印 3D 模型

序号	工作内容	工作内容描述
3	设计规划	（1）跟踪 3D 打印行业产品设计新概念，收集行业市场的设计信息，为产品开发提供信息支持 （2）协助技术开发部门提供产品设计规划
4	其他	（1）进行产品图片资料编辑处理 （2）协助技术开发部门制订技术发展规划 （3）设计图纸的保管和保密 （4）其他产品设计工作

（2）3D 打印逆向造型设计师岗位

3D 打印逆向造型设计师岗位主要的工作内容是根据企业的产品开发计划，参与产品原型的扫描和模型数据的处理工作，对扫描的产品模型提出二次设计建议并进行二次设计，收集行业产品设计信息并为设计部门的产品设计决策提供信息支持，具体见表 6-3-3。

▼ 表 6-3-3　3D 打印逆向造型设计师岗位的工作内容

序号	工作内容	工作内容描述
1	物体的测量和扫描	（1）采用正确的测量方法获取三维物体的数据 （2）利用 3D 扫描仪获取物体表面每个采样点的 3D 空间坐标数据、色彩信息并生成 3D 模型
2	逆向造型设计	（1）积极关注行业发展动态，积累设计模型 （2）广泛开展市场调研，收集相关技术及产品信息 （3）使用 CAD 相关软件对测量数据进行处理 （4）使用逆向工程软件对扫描数据进行处理并生成模型 （5）根据市场或客户的需求对扫描的数据或模型进行二次加工和设计
3	模型的计算机处理	（1）使用计算机及相关软件将 3D 模型信息转化成 STL 文件 （2）使用计算机将 STL 文件中存在的缺陷数据进行模型修正 （3）使用合适的软件进行切片处理、生成 Gcode 代码指令并正确输出 （4）针对不同的打印机硬件、打印材料和打印需求设置不同的打印参数，利用指令数据正确打印 3D 模型
4	其他	（1）参与产品开发的样品生成和批量试制工作 （2）协助技术开发部门制订技术发展规划 （3）设计图纸的保管和保密 （4）其他产品设计工作

3. 3D 打印生产和制造岗位

（1）3D 打印操作工程师岗位

3D 打印操作工程师岗位主要的工作内容是 3D 打印机等机械设备的操作，3D 打印产品的生产加工和质量控制，以及根据产品的特点及客户要求选择合适的加工耗材，具体见表 6-3-4。

▼ 表 6-3-4　3D 打印操作工程师岗位的工作内容

序号	工作内容	工作内容描述
1	材料的选择	（1）熟悉 3D 打印工业生产中的主要耗材 （2）根据产品和客户需要选择不同的耗材进行 3D 打印加工 （3）对产品使用的耗材提出优化建议
2	产品生产和打印	（1）遵守和贯彻企业生产管理的各项制度 （2）遵守工艺规程，按照 3D 打印生产操作规程进行规范操作 （3）积极探索和改进生产工艺，提高产品质量，降低加工成本 （4）遵守工艺要求，严格按照质量要求保证产品质量 （5）在生产过程中对产品质量进行定时检查，确保产品的加工质量，并严格按照产品要求使用耗材 （6）按时填写车间生产日志，认真填写生产数据，确保数据交接准确、清楚 （7）生产过程中认真操作，发现异常及时按照企业要求进行处理
3	打印后处理	（1）按照要求冷却产品 （2）按照要求拆除工件 （3）正确去除底座和支撑 （4）对产品进行检查并按照要求进行必要的上色、抛光等后期处理
4	设备操作和维护	（1）根据设备运行情况对设备进行必要的维护和检修 （2）优化设备开启和关闭流程，尽量降低能耗和机械磨损 （3）开机前检查设备完好情况，确认正常后再投料加工
5	其他	（1）机械操作人员不能擅离职守，机械发生故障时要及时停机，不得违规操作 （2）在操作 3D 打印设备的过程中严禁违反操作规程 （3）发扬团结协作精神，认真提高操作技能

（2）3D 打印质检工程师岗位

3D 打印质检工程师岗位主要的工作内容是对 3D 打印耗材的质量进行检查，对 3D 打印生产过程进行检查，对 3D 打印生产的产品进行数量和质量的检查，对不符合要求的产品进行剔除和处理，具体见表 6-3-5。

▼ 表 6-3-5　3D 打印质检工程师岗位的工作内容

序号	工作内容	工作内容描述
1	材料检查	（1）根据国家标准和相关技术文件，对即将入库的原材料进行检验并出具检验报告 （2）原材料复检 （3）对检验中出现的不合格品进行分析，确定其是否影响加工质量

序号	工作内容	工作内容描述
2	生产过程检查	（1）根据半成品及相关标准要求，按照生产工艺和检验方法检测半成品、制品的质量 （2）对生产过程中的不合格品和不合格批次进行鉴定，对不合格品进行正确的处理 （3）针对生产过程进行全面的质量控制
3	成品检查	（1）按照企业出厂产品检验规范和检验标准进行检验，包括产品的尺寸精度、形状精度和数量等 （2）对成品检验过程中的不合格品和不合格批次进行鉴定，对不合格品进行正确的处理 （3）对经过检验符合出厂标准的产品出具产品质量检验合格报告 （4）对检验工具进行标定和管理 （5）及时填写质量检验记录和质量报表，做好质量报表的统计工作
4	检验档案和资料的管理	（1）对原材料的检验资料进行分类整理 （2）做好制造过程的质量记录，对通过检验获得的信息和数据进行分析和处理，并定期对质量记录进行统计分析，为生产部门提供数据依据 （3）定期对成品检验档案进行分类整理、统计和登记造册
5	其他	质检相关工作

（3）3D 打印后处理工程师岗位

3D 打印后处理工程师岗位主要的工作内容是针对不同的 3D 打印产品和客户要求对 3D 打印产品进行抛光和上色，使产品外形光洁、颜色鲜艳，以提高产品的质量和满足客户对产品的要求，最终提高产品的销售额和利润，具体见表 6-3-6。

▼ 表 6-3-6　3D 打印后处理工程师岗位的工作内容

序号	工作内容	工作内容描述
1	打磨和抛光	（1）根据产品需要，使用打磨和抛光工具对 3D 打印的产品进行打磨和抛光 （2）遵守打磨、抛光的工艺流程和注意事项 （3）利用手工、机械、化学等方法对模型进行正确的处理 （4）正确对模型表面孔洞、划痕和其他表面缺陷进行处理，保持模型的干净、整洁
2	上色	（1）遵守上色的工艺流程和注意事项 （2）使用上色工具、上色材料和适合的方法对模型进行上色处理 （3）上色完成后对模型进行保护性处理，防止掉色和变色 （4）与设计人员保持动态沟通，防止上色错误

续表

序号	工作内容	工作内容描述
3	其他	（1）积极关注行业发展动态和接受培训，掌握最新的处理工艺 （2）爱护设备，优化加工流程，减少能耗和设备磨损 （3）节约上色材料 （4）在工作中不能擅离职守，不得违章操作 （5）有效地进行环境保护

（4）3D 打印维护工程师岗位

3D 打印维护工程师岗位主要的工作内容是负责 3D 打印机等机械设备的维修工作，完成打印设备的预防性维护与保养，降低产品废品率，减少维修费用和停机工时，具体见表 6-3-7。

▼ 表 6-3-7　3D 打印维护工程师岗位的工作内容

序号	工作内容	工作内容描述
1	设备组装	（1）掌握 3D 打印机的组装程序、步骤和相应的机械 / 电气知识 （2）根据需要组装 3D 打印机的框架、限位器、控制器、电源、电路板、电动机、驱动等零部件
2	设备维护 与保养	（1）根据设备故障情况做好 3D 打印设备的故障诊断与维修工作 （2）对打印机进行日常的维护与保养，尽量避免打印过程中出现异常 （3）掌握固件升级的方法，及时进行固件升级，修复机器中存在的漏洞，为机器添加新的功能 （4）按照 3D 打印设备的情况编制保养手册，并按计划进行保养 （5）指导 3D 打印设备的操作工人对设备进行必要的维护与保养 （6）做好日常的巡视检查工作，及时发现问题，处理隐患 （7）根据备件的消耗情况制订储备计划，并根据实际情况降低备件消耗
3	采购支持	（1）熟悉 3D 打印设备的主要型号、应用范围及使用方法 （2）根据备件消耗情况进行采购 （3）负责备件的验收和急购备件的参数提交
4	其他	完成与维修、维护相关的其他工作

4. 3D 打印服务岗位

（1）3D 打印销售人员岗位

3D 打印销售人员岗位主要的工作内容是企业品牌线下的推广和产品的销售，通过有效的方法将 3D 打印产品进行推广并成功销售，对客户关系进行维护和管理，具体见表 6-3-8。

▼ 表 6-3-8　3D 打印销售人员岗位的工作内容

序号	工作内容	工作内容描述
1	了解企业内外市场环境	（1）全面了解与公司产品相关联的产品业务的市场动态 （2）了解竞争对手的业务市场状况和市场行动 （3）了解企业现有生产部门的生产能力和库存能力 （4）对本企业现有研发能力的情况进行一定程度的了解 （5）及时掌握 3D 打印新的动态和新的应用领域
2	产品销售	（1）掌握基本的销售技巧，对 3D 打印产品进行线下销售 （2）制定销售目标，完成销售任务 （3）按照需要参与 3D 打印产品的销售展示、会议以及市场推广活动 （4）能与客户进行有效沟通，努力提高客户的满意度
3	客户管理	（1）开发新的产品直接客户，维持并不断巩固客户关系 （2）对客户和经销商进行客户关系管理 （3）对客户投诉进行有效管理分类
4	其他	负责跟踪项目的业务结算和回款工作

（2）3D 打印网店经营人员岗位

3D 打印网店经营人员岗位主要的工作内容是企业品牌的线上推广和 3D 打印产品的销售，通过电子商务网店的运营手段将 3D 打印产品推广进市场并成功销售，对客户关系进行维护和管理，具体见表 6-3-9。

▼ 表 6-3-9　3D 打印网店经营人员岗位的工作内容

序号	工作内容	工作内容描述
1	了解企业内外市场环境	（1）全面了解与公司产品相关联的产品业务的市场动态 （2）了解竞争对手的业务市场状况和市场行动 （3）了解企业现有生产部门的生产能力和库存能力 （4）对本企业现有研发能力的情况进行一定程度的了解 （5）及时掌握 3D 打印新的动态和新的应用领域
2	网店的开设和运营	（1）做好网店开设前的准备工作和开设网店 （2）对网店进行必要的装饰和美化 （3）对网店的订单和交易进行管理 （4）与客户进行线上沟通，了解客户的需求并进行产品销售 （5）网店的线上和线下管理 （6）3D 打印商品的发货
3	网店的推广与营销	（1）制订合适的产品营销方案 （2）通过网络和电子商务平台进行 3D 打印产品的市场推广 （3）对 3D 打印产品进行拍照、处理，以便进行网上推广 （4）通过使用网络搜索引擎、论坛、网站等工具及客户端进行产品推广

续表

序号	工作内容	工作内容描述
4	客户管理	（1）开发新的产品直接客户，维持并不断巩固客户关系 （2）对客户和经销商进行客户关系管理 （3）对客户投诉进行有效管理、分类
5	其他	负责跟踪项目的业务结算和回款工作

二、3D 打印从业人员的任职能力要求

作为一个新兴的行业，3D 打印专业对从业人员提出了更高的要求，3D 打印相关人才的培养目标除了以数字化设计与制作能力为指引，具备德智体美的基本能力素质外，至少应该具备以下几点：具备主动适应企业对新技术、新工艺的要求的能力；具备 3D 打印技术的应用能力，以及能从事 3D 打印设计、3D 打印测量与逆向造型、3D 打印设备操作与维护及生产制作与管理等工作的能力；具备一定的自学能力、自我发展能力和创新能力；具备良好的职业素质；具备团队合作能力和创新意识。具体任职能力见表 6-3-10。

▼ 表 6-3-10　3D 打印从业人员的任职能力要求

岗位名称	专业知识与技能	职业能力
3D 打印研发工程师	（1）具有一定的 3D 打印相关产品开发经验，对算法设计和数据结构有深刻的理解 （2）熟悉开发模式、UML 建模语言，以及面向对象设计、数据库设计和数据库模型设计的工具 （3）能够熟练使用开发和调试工具进行系统软件的开发 （4）熟悉 3D 打印机，能参与 3D 打印机的设计、开发与调试	（1）具有较强的学习能力和逻辑思维能力 （2）具有较强的分析能力、研究能力和创新能力 （3）具有良好的沟通能力和团队合作精神 （4）有激情，思维活跃，勤奋刻苦，责任心及执行力强，有良好的协作和服务意识
3D 打印模型设计师	（1）能够熟练使用平面设计软件和三维设计软件 （2）能够进行典型零件和工艺的二维、三维造型 （3）具有极强的美学素养、独特的设计风格、独到的创意观点、色彩审美观及较强的创意设计表达能力 （4）具有企业宣传资料的设计、制作与创新经验 （5）了解企业理念和企业文化，能以作品展示企业内涵	（1）对事物具有超前性、高瞻性、新颖性、创新性等方面的认识和把握 （2）能了解并耐心听取客户的设计要求，在合作过程中能进行良好的沟通 （3）有激情，思维活跃，勤奋刻苦，责任心及执行力强，有良好的协作和服务意识 （4）有较强的创新精神，善于钻研，勇于突破

续表

岗位名称	专业知识与技能	职业能力
3D 打印逆向造型设计师	（1）能够熟练使用平面设计软件和三维设计软件 （2）能够掌握主要类型的扫描仪的操作方法 （3）能够对扫描的模型进行修改和再设计 （4）能够进行典型零件和工艺的二维、三维造型 （5）具有极强的美学素养、独特的设计风格、独到的创意观点、色彩审美观及较强的创意设计表达能力 （6）了解企业理念和企业文化，能以作品展示企业内涵	（1）对事物具有超前性、高瞻性、新颖性、创新性等方面的认识和把握 （2）能了解并耐心听取客户的设计要求，在合作过程中能进行良好的沟通 （3）有激情，思维活跃，勤奋刻苦，责任心及执行力强，有良好的协作和服务意识 （4）有较强的创新精神，善于钻研，勇于突破
3D 打印操作工程师	（1）了解 3D 打印机的打印步骤和注意事项 （2）熟悉工业产品的打印要求和工艺流程 （3）了解 3D 打印耗材及其应用 （4）了解打印产品的性能、用途和规格 （5）能够熟练操作 3D 打印机，在 3D 打印设备运转过程中不断调整，确保打印产品的质量 （6）能够及时处理并上报打印过程中出现的突发事件，及时解决问题	（1）能够做好当班及所负责 3D 打印设备所有资料的整理，按时记录，按时上交，并将有关情况及时向班组长或设备主管汇报 （2）具有良好的沟通能力和团队合作精神 （3）有激情，思维活跃，勤奋刻苦，责任心及执行力强，有良好的协作和服务意识 （4）具有较强的创新精神，善于钻研，勇于突破
3D 打印质检工程师	（1）了解 3D 打印材料的种类、特点及相关的国家标准 （2）掌握 3D 打印的工艺流程 （3）了解企业生产计划、产品特点及属性 （4）了解企业出厂产品检验规范和检验标准，并进行质量检查 （5）掌握一定的 Office 办公软件操作技能，能够制作质检报表	（1）对事物具有超前性、高瞻性、新颖性、创新性等方面的认识和把握 （2）有激情，思维活跃，勤奋刻苦，责任心及执行力强，有良好的协作和服务意识 （3）具有良好的沟通能力和团队合作精神
3D 打印后处理工程师	（1）能够根据产品需要，正确使用打磨工具对 3D 打印的产品进行抛光、打磨及上色等处理 （2）遵守打磨、抛光的工艺流程和注意事项 （3）能够利用手工、机械、化学等方法对模型进行处理 （4）能够对模型表面的孔洞、划痕及其他表面缺陷进行处理，保持模型的干净、整洁	（1）能够服从工作安排 （2）遵守安全操作规范 （3）具有良好的沟通能力和团队合作精神 （4）有激情，思维活跃，勤奋刻苦，责任心及执行力强，有良好的协作和服务意识

续表

岗位名称	专业知识与技能	职业能力
3D 打印维护工程师	（1）掌握 3D 打印机的工作原理、安装与维护方法及注意事项 （2）能够及时排除 3D 打印机的故障，并做好相应的记录 （3）熟悉 3D 打印机的基本操作 （4）掌握机械维修和电气维修的基本知识	（1）具有较强的创新精神，具备自我学习的能力 （2）有激情，思维活跃，勤奋刻苦，责任心及执行力强，有良好的协作和服务意识
3D 打印销售人员	（1）了解 3D 打印在工艺制造领域的相关应用 （2）熟悉产品的特点、功能和规格 （3）了解 3D 打印的各种耗材及应用 （4）及时了解 3D 打印行业的新动态和新的应用方式 （5）了解 3D 打印的商业模式和应用价值 （6）具有较好的产品销售技能和市场推广技能	（1）能有效开发客户并对客户进行管理和维护 （2）具有良好的客户服务意识，有责任心，执行力强 （3）具有较强的创新精神，具备自我学习的能力 （4）具有良好的沟通能力和表达能力
3D 打印网店经营人员	（1）了解 3D 打印在工艺制造领域的相关应用 （2）熟悉产品的特点、功能和规格 （3）了解 3D 打印的各种耗材及应用 （4）及时了解 3D 打印行业的新动态和新的应用方式 （5）了解 3D 打印的商业模式和应用价值 （6）具有较好的产品销售技能和市场推广技能	（1）能有效开发客户并对客户进行管理和维护 （2）具有良好的客户服务意识，有责任心，执行力强 （3）具有较强的创新精神，具备自我学习的能力 （4）具有良好的沟通能力和表达能力

三、3D 打印从业人员的职业素养

在 3D 打印行业，无论是研发人员、设计人员，还是制造人员、销售服务人员，都应具备较高的职业素养，概括来说至少应具备以下能力：良好的职业道德、熟练的 3D 打印机操作能力、熟练的计算机软件操作能力、创新能力以及基本的管理能力。

1. 良好的职业道德

3D 打印是一个新兴行业，国家对 3D 打印行业的监督还不健全，再加上 3D 打印行业强大的复制能力，很容易产生一些危险的漏洞。例如，知识产权的保护、枪支等危险品打印以及生物器官打印等。在监管不到位的情况下，许多没有职业道德的人就会趁机做出一些违反法律和基本伦理的事情。因此，遵守法律和职业道德以及社会伦理是对 3D 打印人员最基本的要求和规范，否则这项技术将有可能会给社会带来巨大的动荡和灾难。

2. 熟练的 3D 打印机操作能力

3D 打印机的基本原理大同小异，因此，掌握 3D 打印机的基本原理后就能操作各种不同类型的 3D 打印机。无论是 3D 打印机的研发、生产制造人员，还是销售及售后服务人员，都需要掌握 3D 打印机的操作技能。

3. 熟练的计算机软件操作能力

3D 打印行业的工作对计算机应用能力的要求较高，计算机应用贯穿了整个 3D 打印过程。在打印前期取得模型数据的过程中，需要掌握模型设计软件和三维数据处理软件，如 AutoCAD、3ds Max、Rhino、Design X 等。在打印前还需要利用专门的切片工具对模型进行切片，才能正确打印模型。因此，掌握和操作不同类型的切片软件就显得十分重要。

4. 创新能力

作为一个新兴的行业，目前的 3D 打印或多或少存在一些远远低于人们期望的现象。随着科学技术的发展和 3D 打印技术的普及，未来人们对 3D 打印无论是在打印机本身，还是耗材，抑或是打印种类和尺寸等方面会提出更多的要求，因此，3D 打印从业人员只有具备一定的创新能力，才能不断满足客户和市场的需求，制造出更多的 3D 打印产品，才能推动 3D 打印技术的不断发展。

5. 基本的管理能力

基本的管理能力包括自我管理能力、人员管理能力和设备设施管理能力。3D 打印作为一个新兴的行业有着非常大的发展潜力，市场上对 3D 打印人才的需求会不断增加，3D 打印行业的从业者要从自身做起，自我学习，自我管理，不断提高综合素养。同时，3D 打印设备和 3D 打印耗材涉及的数量众多，种类繁杂，作为 3D 打印从业者要有一定的设备设施管理能力，力争使设备设施运转正常，管理有序。一个优秀的 3D 打印员工在未来的职业发展中一定会脱颖而出成为行业的骨干，这就要求从业者有一定的人员管理能力，管理自己的团队，使团队具有更好的凝聚力、创造力和工作效率，为 3D 打印事业的发展贡献自己的力量。

 练习题

1. 目前 3D 打印技术的工作岗位有哪些？
2. 3D 打印从业人员需要具备哪些职业能力？你希望今后从事 3D 打印行业的哪些岗位？
3. 3D 打印从业人员需要具备哪些职业素养？